Edition Nachhaltig wirtschaften

Reihe herausgegeben von

Ralf T. Kreutzer, Hochschule für Wirtschaft und Recht, Berlin, Deutschland

Nachhaltigkeit ist heute in aller Munde. Doch es reicht nicht, nur darüber zu reden, man muss auch handeln!

Dazu will die **Edition Nachhaltig wirtschaften** einen wichtigen Beitrag leisten – mit **Denkanstößen** und vor allem mit **Handlungsimpulsen**. Neben den für Veränderungsprozesse notwendigen psychologischen, soziologischen und systemischen Grundlagen werden u.a. die Themen nachhaltige Unternehmensführung, Kreislaufwirtschaft, Green Marketing/Green Branding, grüne Finanzstrategien, ethischer Konsum und nachhaltiges Innovationsmanagement diskutiert.

Andrea Rumler · Laura Wagner

Green Nudging

Der Schlüssel zur nachhaltigen Veränderung

Andrea Rumler
Hochschule für Wirtschaft und
Recht Berlin
Berlin, Deutschland

Laura Wagner
Hochschule für Wirtschaft und
Recht Berlin
Berlin, Deutschland

ISSN 3004-8516 ISSN 3004-8524 (electronic)
Edition Nachhaltig wirtschaften
ISBN 978-3-658-46566-7 ISBN 978-3-658-46567-4 (eBook)
https://doi.org/10.1007/978-3-658-46567-4

Die Deutsche Nationalbibliothek verzeichnet diese Publikation in der Deutschen Nationalbibliografie; detaillierte bibliografische Daten sind im Internet über https://portal.dnb.de abrufbar.

© Der/die Herausgeber bzw. der/die Autor(en), exklusiv lizenziert an Springer Fachmedien Wiesbaden GmbH, ein Teil von Springer Nature 2025

Das Werk einschließlich aller seiner Teile ist urheberrechtlich geschützt. Jede Verwertung, die nicht ausdrücklich vom Urheberrechtsgesetz zugelassen ist, bedarf der vorherigen Zustimmung des Verlags. Das gilt insbesondere für Vervielfältigungen, Bearbeitungen, Übersetzungen, Mikroverfilmungen und die Einspeicherung und Verarbeitung in elektronischen Systemen.
Die Wiedergabe von allgemein beschreibenden Bezeichnungen, Marken, Unternehmensnamen etc. in diesem Werk bedeutet nicht, dass diese frei durch jede Person benutzt werden dürfen. Die Berechtigung zur Benutzung unterliegt, auch ohne gesonderten Hinweis hierzu, den Regeln des Markenrechts. Die Rechte des/der jeweiligen Zeicheninhaber*in sind zu beachten.
Der Verlag, die Autor*innen und die Herausgeber*innen gehen davon aus, dass die Angaben und Informationen in diesem Werk zum Zeitpunkt der Veröffentlichung vollständig und korrekt sind. Weder der Verlag noch die Autor*innen oder die Herausgeber*innen übernehmen, ausdrücklich oder implizit, Gewähr für den Inhalt des Werkes, etwaige Fehler oder Äußerungen. Der Verlag bleibt im Hinblick auf geografische Zuordnungen und Gebietsbezeichnungen in veröffentlichten Karten und Institutionsadressen neutral.

Planung/Lektorat: Angela Meffert
Springer Gabler ist ein Imprint der eingetragenen Gesellschaft Springer Fachmedien Wiesbaden GmbH und ist ein Teil von Springer Nature.
Die Anschrift der Gesellschaft ist: Abraham-Lincoln-Str. 46, 65189 Wiesbaden, Germany

Wenn Sie dieses Produkt entsorgen, geben Sie das Papier bitte zum Recycling.

Vorwort der „Edition Nachhaltig wirtschaften"

Liebe Leserin, lieber Leser,

ich begrüße Sie als Herausgeber der „**Edition Nachhaltig wirtschaften**" ganz herzlich. In dieser Reihe beleuchten wir die **Notwendigkeit einer nachhaltigen Unternehmensführung** in allen ihren relevanten Aspekten. Aus verschiedenen Perspektiven wird deutlich, dass ein nachhaltiges Agieren weit über ein bloßes Profitstreben hinausgeht. Unternehmen sind heute aus gesellschaftlichen, rechtlichen und zunehmend auch wirtschaftlichen Gründen dazu aufgefordert, gleichzeitig eine **ökologische, soziale und ökonomische Nachhaltigkeit** ihres Handelns sicherzustellen.

In dieser Edition wird eine Vielzahl von Themenbereichen abgedeckt. Diese ranken sich um **grüne Technologie** bis zu **nachhaltigen Unternehmensstrategien**, um die Potenziale der **Kreislaufwirtschaft** zu erschließen. Weitere Werke widmen sich den Themen **Green Marketing** und **Green Branding**. Hierzu werden auch die **psychologischen Grundlagen** beleuchtet, die für einen Bewusstseins- und Verhaltenswandel wichtig sind. Zusätzlich werden Fragen der **Wirtschaftsethik** sowie des **Green Controllings** angesprochen. Darüber hinaus wird diskutiert, wem bei der nachhaltigen Transformation eine besondere Verantwortung zukommt: einem **Chief Sustainability Officer**.

Unsere Welt steht vor großen Herausforderungen! Hier ist an den Klimawandel, soziale Ungleichheiten und die Endlichkeit unserer Ressourcen zu denken. Die Unternehmen spielen bei der Bewältigung dieser Probleme eine entscheidende Rolle. Eine **nachhaltige Unternehmensführung** ist nicht nur ein Imperativ für das Überleben der Unternehmen selbst, sondern sie ist auch für das Überleben der Menschheit unverzichtbar. Die **Zukunft unseres Planeten** hängt davon ab, wie wir heute wirtschaften. Daher hoffen wir, dass diese Edition Sie dazu inspiriert, aktiv an der Gestaltung einer nachhaltigeren Wirtschafts- und Unternehmenslandschaft mitzuwirken. Mit diesem Wissen sind Sie gut gerüstet, um einen positiven Einfluss auf unsere gemeinsame Zukunft auszuüben.

Ich wünsche Ihnen viel Lesespaß – und vor allem ein gutes Händchen bei der Umsetzung!

Ihr

Ralf T. Kreutzer

Vorwort

Liebe Leserinnen und Leser,

angesichts der drängenden ökologischen Herausforderungen unserer Zeit haben wir **Green Nudging: Der Schlüssel zur nachhaltigen Veränderung** verfasst, um zu zeigen, wie man nachhaltiges Verhalten effektiv fördert. Wir glauben fest daran, dass kleine, gezielte Anstöße – sogenannte Nudges – große positive Veränderungen bewirken können.

Dieses Buch richtet sich an alle, die nachhaltiges Handeln in Gesellschaft und Wirtschaft vorantreiben möchten: Unternehmensführende, Nachhaltigkeitsbeauftragte, politische Entscheidungsträger/innen sowie engagierte Bürger/innen. Unser Ziel ist es, Ihnen praxisnahe Einblicke und Werkzeuge zu geben, mit denen Sie Green Nudging in verschiedenen Kontexten erfolgreich einsetzen können.

Der Aufbau des Buches führt Sie zunächst in die Bedeutung und Dringlichkeit nachhaltiger Veränderungen ein. Danach beleuchten wir die psychologischen Prinzipien, die dem Nudging-Ansatz zugrunde liegen, und stellen Ihnen verschiedene Formen des Green Nudgings vor. Erfolgreiche Praxisbeispiele veranschaulichen die Wirkung dieses Ansatzes. Abschließend diskutieren wir die Möglichkeiten und Grenzen von Green Nudging und bieten einen Ausblick auf zukünftige Potenziale.

Wir hoffen, dass dieses Buch Sie inspiriert und befähigt, in Ihrem Umfeld nachhaltige Veränderungen anzustoßen und damit einen wertvollen Beitrag zu einer umweltfreundlicheren Zukunft zu leisten.

Berlin, Deutschland
Andrea Rumler
Laura Wagner

Wie Ihnen dieses Buch beim nachhaltigen Wirtschaften helfen wird

- Sie erkennen die Dringlichkeit des ökologischen Wandels und die Bedeutung Ihres Verhaltens, das Sie durch Green Nudging beeinflussen können.
- Das Buch erklärt die Prinzipien des Green Nudgings mit wissenschaftlichem Hintergrund und zeigt, wie Sie nachhaltige Entscheidungen gezielt fördern.
- Konkrete Beispiele und Handlungsempfehlungen zeigen, wie Sie Green Nudges in Ihrem Unternehmen umsetzen, um umweltfreundliches Verhalten zu unterstützen.
- Aktuelle Fallbeispiele aus der Praxis verdeutlichen, wie Unternehmen durch gezielte Nudging-Strategien erfolgreich nachhaltige Veränderungen erreichen.
- Reflektieren Sie die Chancen und Risiken des Green Nudgings, um es effektiv und verantwortungsvoll in Unternehmen und Organisationen einzusetzen.

Inhaltsverzeichnis

1 Warum Green Nudging der Schlüssel zur nachhaltigen Veränderung ist 1
   1.1 Die Dringlichkeit des ökologischen Wandels 1
   1.2 Die Rolle des individuellen Verhaltens in der Nachhaltigkeitsagenda 4
   1.3 Wo Green Nudging ansetzt 6
   Literatur 9

2 Psychologische Prinzipien hinter dem Nudging-Ansatz 11
   2.1 Warum Menschen entscheiden, wie sie entscheiden 11
   2.2 Die Kraft der positiven Verstärkung im Green Nudging 13
   2.3 Wie Green Nudging funktionieren kann 15
   Literatur 16

3 Arten von Green Nudging 19
   Literatur 27

4 Best-Practice-Beispiele für Green Nudging 29
   4.1 Green Nudges für nachhaltigere Mobilität 29
   4.2 Green Nudges für nachhaltigere Ernährung 31
   4.3 Green Nudges für Wassereinsparungen 32
   4.4 Green Nudges für Verpackungsreduktion und Recycling 34
   4.5 Green Nudges für effizienteren Umgang mit Energie 36
   Literatur 38

5 Möglichkeiten und Grenzen des Green Nudgings 39
    5.1   Chancen für individuelle und gesellschaftliche Veränderungen ... 39
    5.2   Kritische Reflexion: Ethik und Freiwilligkeit im Green
           Nudging 40
    5.3   Herausforderungen und Potenziale für die Zukunft 42
    Literatur 44

Nachhaltige Erkenntnisse 47

Über die Autoren

Prof. Dr. Andrea Rumler lehrt seit 2012 Betriebswirtschaftslehre und Marketing an der Hochschule für Wirtschaft und Recht Berlin. Zusammen mit Prof. Dr. Volker Quaschning, Experte für regenerative Energiesysteme an der Hochschule für Technik und Wirtschaft Berlin, erforschte sie den Einsatz von Mieterstrom. Das Institut für angewandte Forschung Berlin finanzierte ihre Projekte MieterstromPlus und SolarBerlin. Zudem untersucht Andrea Rumler Gesundheitsstrategien für Frauen in den Wechseljahren am Arbeitsplatz.

Laura Wagner arbeitet seit 2023 als wissenschaftliche Mitarbeiterin an der Hochschule für Wirtschaft und Recht Berlin. Ihre Forschung begann im Projekt SolarBerlin, das bürgernahe Kommunikationsstrategien in Mieterstrom-Häusern in Berlin testete und deren Wirkung analysierte. Ein besonderer Schwerpunkt lag auf dem Einsatz von Green Nudging. Seit 2024 ist sie im Nachhaltigkeitsmanagement und der Nachhaltigkeitskoordination der Hochschule tätig. Zuvor sammelte sie Erfahrungen im CRM/Marketing eines Re-Commerce-Unternehmens und engagierte sich als Campaignerin für die Initiative „Klimaneutrales Berlin bis 2030".

Warum Green Nudging der Schlüssel zur nachhaltigen Veränderung ist

1.1 Die Dringlichkeit des ökologischen Wandels

Die Dringlichkeit des ökologischen Wandels ist unbestreitbar. Klimawandel, Verlust an Biodiversität und Ressourcenknappheit sind weltweit spürbar und haben ernste Folgen für unseren Planeten. Dürren, Abholzungen, steigende Meeresspiegel und extreme Wetterereignisse wie Fluten und Brände – die Zeichen sind alarmierend. Diese Dringlichkeit erkannte auch das Bundesverfassungsgericht, denn es entschied am 29.04.2021, dass unzureichender Klimaschutz die Freiheits- und Grundrechte zukünftiger Generationen einschränkt, und verpflichtete die Bundesregierung, die Treibhausgasemissionen schneller zu senken (Bundesverfassungsgericht 2021).

Die folgenden Punkte verdeutlichen die Dringlichkeit der Situation und unterstreichen die Notwendigkeit sofortiger und umfassender Maßnahmen, um den ökologischen Wandel voranzutreiben:

- **Klimawandel und Extremwetterereignisse**: Seit der vorindustriellen Zeit ist die durchschnittliche globale Temperatur um etwa 1,1 Grad Celsius gestiegen (IPCC 2023). Diese Erwärmung führt zu häufigeren und intensiveren Extremwetterereignissen wie Hitzewellen, Dürren, Überschwemmungen und Stürmen.
- **Verlust der Biodiversität**: Laut dem Weltbiodiversitätsrat (IPBES) sind bis zu eine Million Arten weltweit vom Aussterben bedroht. Der Verlust der Biodiversität beeinträchtigt die Ökosysteme, die für die Aufrechterhaltung des Lebens auf der Erde entscheidend sind, einschließlich der Bereitstellung von Nahrungsmitteln, Wasser und sauberer Luft (IPBES 2019).

© Der/die Herausgeber bzw. der/die Autor(en), exklusiv lizenziert an Springer Fachmedien Wiesbaden GmbH, ein Teil von Springer Nature 2025
A. Rumler, L. Wagner, *Green Nudging*, Edition Nachhaltig wirtschaften,
https://doi.org/10.1007/978-3-658-46567-4_1

- **Ressourcenknappheit**: Die Erdbevölkerung wächst schnell, und der Ressourcenverbrauch steigt. Aktuelle Berichte zeigen, dass der Mensch bereits 75 % der weltweiten Landfläche verändert hat (IPBES 2019). Der Wasserverbrauch hat sich seit 1960 verdreifacht, und die Verfügbarkeit von Süßwasser ist zunehmend eingeschränkt (FAO 2020).
- **Ozeanversauerung**: Die Ozeane haben aufgrund der erhöhten CO_2-Konzentration in der Atmosphäre begonnen, zu versauern. Hierbei sinkt der pH-Wert des Wassers durch die Aufnahme des Kohlendioxids aus der Erdatmosphäre. Die Ozeanversauerung hat negative Auswirkungen auf marine Ökosysteme, insbesondere auf Korallenriffe und Schalentiere, die für viele Meeresarten essenziell sind (IPCC 2023).
- **Wirtschaftliche Kosten des Nicht-Handelns**: Der wirtschaftliche Schaden durch den Klimawandel wird auf bis zu 900 Mrd. € geschätzt. Studien zeigen, dass die Kosten durch Schäden an Infrastruktur, landwirtschaftlichen Erträgen und menschlichen Gesundheitskosten erheblich steigen, wenn keine Maßnahmen zur Reduzierung der Emissionen getroffen werden (BMWK 2023).
- **Gesundheitsrisiken**: Der Klimawandel beeinträchtigt direkt die menschliche Gesundheit. Er führt zu mehr Atemwegserkrankungen durch Luftverschmutzung, Hitzestress und durch die Verbreitung wasserübertragener Krankheiten wie Malaria und Dengue-Fieber. Studien zeigen, dass es dadurch weltweit zwischen 2030 und 2050 jedes Jahr 250.000 zusätzliche Todesopfer geben wird (WHO 2023).

> **Nachhaltig merken** Das Überschreiten von Kipppunkten in Umwelt- und Klimasystemen führt zu abrupten und irreversiblen Veränderungen. Diese kritischen Schwellen markieren Momente, ab denen sich Systeme plötzlich und dramatisch wandeln.

Das Überschreiten solcher Kipppunkte löst Kaskadeneffekte aus, die langfristige und unkontrollierbare Schäden verursachen (siehe Abb. 1.1). Daher müssen wir sofort und umfassend handeln, um diese Schwellenwerte nicht zu erreichen und die langfristige Umweltstabilität zu sichern.

Diese Punkte verdeutlichen die Dringlichkeit der Situation und unterstreichen die Notwendigkeit sofortiger und umfassender Maßnahmen, um den ökologischen Wandel voranzutreiben. Trotz der Dringlichkeit mangelt es oft an angemessenen Mitteln, um diesen globalen Notstand zu bewältigen. Um dieser Krise wirksam zu begegnen, brauchen wir weitreichende kulturelle, staatliche und wirtschaftliche Veränderungen auf nationaler und internationaler Ebene. Doch auch auf individueller Ebene können wir einen wichtigen Beitrag leisten (Zaneva und Dumbalska 2020).

1.1 Die Dringlichkeit des ökologischen Wandels

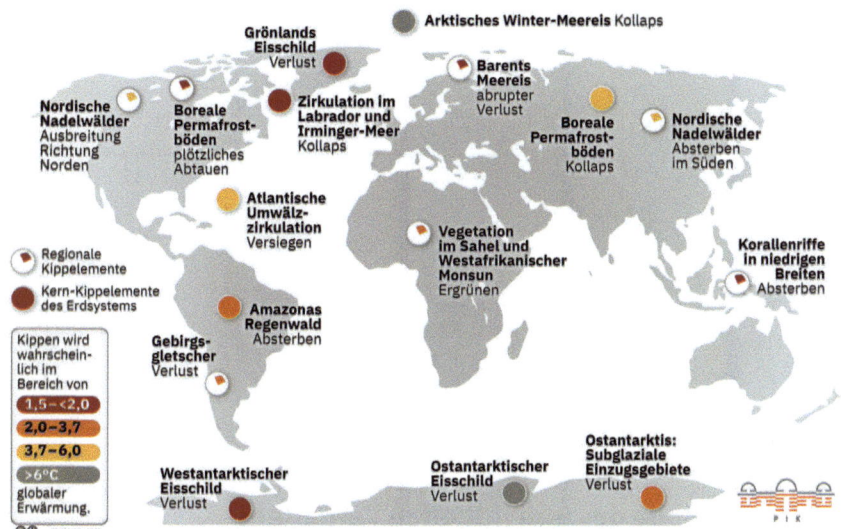

Abb. 1.1 Räumliche Verteilung der globalen und regionalen Kippelemente. (Quelle: Potsdam-Institut für Klimafolgenforschung 2022, veröffentlicht unter CC-BY Lizenz)

Nachhaltigkeit bietet einen umfassenden Ansatz, um diese Herausforderungen zu bewältigen. Sie ruht auf drei Säulen (siehe Abb. 1.2): ökonomische, ökologische und soziale Aspekte. Diese zielen auf eine langfristig ausgewogene Entwicklung ab (Sachs 2015).

Die **ökonomische Säule** zielt auf langfristigen Wohlstand und Stabilität, ohne die Ressourcen künftiger Generationen zu erschöpfen. Sie fördert nachhaltige Technologien, faire Arbeitsbedingungen und umweltfreundliche Praktiken.

Die **ökologische Säule** schützt und bewahrt die natürliche Umwelt und Ressourcen. Sie reduziert Treibhausgasemissionen, erhält die Artenvielfalt und bekämpft Umweltverschmutzung.

Die **soziale Säule** strebt Gerechtigkeit, Chancengleichheit und Gesundheit an. Sie bekämpft Armut und Ungleichheit und fördert Bildung und Gesundheitsversorgung für das Wohlergehen aller Menschen.

▶ **Nachhaltig merken** Wer die drei Säulen der Nachhaltigkeit – Ökonomie, Ökologie und Soziales – berücksichtigt, sichert eine lebenswerte Zukunft für kommende Generationen.

Abb. 1.2 Drei-Säulen-Modell der Nachhaltigkeit. (Quelle: Corsten und Corsten 2023)

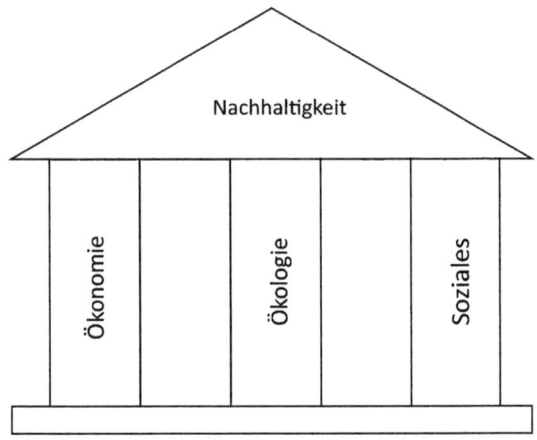

1.2 Die Rolle des individuellen Verhaltens in der Nachhaltigkeitsagenda

Die nachhaltige Transformation erfordert Verhaltensänderungen auf vielen Ebenen und in verschiedenen Lebensbereichen. Während das langfristige Ziel darin besteht, diesen Wandel von unten nach oben anzustoßen, muss aufgrund der wachsenden Dringlichkeit im Hinblick auf den Klimaschutz auch kurzfristig von oben nach unten gehandelt werden, etwa durch Green Nudging (Zaneva und Dumbalska 2020).

▶ **Nachhaltig merken** Bottom-up-Ansätze entstehen durch lokale Initiativen aus der Zivilgesellschaft und wirken von der Basis auf höhere Ebenen ein. Top-down-Ansätze werden zentral gesteuert und von oben nach unten umgesetzt.

Individuelles Verhalten ist entscheidend für die Nachhaltigkeitsagenda, da die Summe der Handlungen von Einzelpersonen große Auswirkungen auf Umwelt, Gesellschaft und Wirtschaft hat. Individuelles Verhalten beeinflusst den Ressourcenverbrauch, die Umweltbelastung, die soziale Gerechtigkeit und die langfristige ökonomische Entwicklung. Daher ist die individuelle Ebene ein wichtiger Bereich für die Umsetzung nachhaltiger Praktiken und den Übergang zu einer nachhaltigeren Gesellschaft (Jackson 2005; Steg und Vlek 2009).

1.2 Die Rolle des individuellen Verhaltens in der Nachhaltigkeitsagenda

▶ **Nachhaltig merken** Individuelles Verhalten ist der Startpunkt für die Implementierung nachhaltiger Praktiken, die sich auf die gesamte Gesellschaft ausweiten können.

Eine Studie des Umweltbundesamts von 2022 zeigt, dass Umwelt- und Klimaschutz weiterhin wichtige Themen in Deutschland sind. Doch andere gesellschaftliche Herausforderungen wie soziale Ungerechtigkeit, Kriege und Terrorismus rücken derzeit stärker in den Vordergrund (Grothmann et al. 2023).

Weitere Ergebnisse der Studie zum Umweltbewusstsein in Deutschland sind:

- 91 % der Menschen unterstützen grundsätzlich den Umbau der Wirtschaft in Deutschland hin zu mehr Umwelt- und Klimafreundlichkeit.
- 75 % der Befragten fordern weniger Plastik in der Natur.
- 72 % wünschen sich eine verstärkte Nutzung der Kreislaufwirtschaft, um Wegwerfmaterialien zu reduzieren.
- 59 % sind überzeugt, dass jeder Einzelne Verantwortung trägt, nachfolgenden Generationen eine lebenswerte Welt zu hinterlassen.
- Die Bereitschaft, das eigene Konsumverhalten zu ändern, zeigt sich besonders stark beim Kauf energieeffizienter Geräte, der Reduzierung der Autonutzung und einer geringeren Heizungsnutzung. Insgesamt ist aber die Bereitschaft, das eigene Verhalten zu ändern, deutlich geringer als der allgemeine Wunsch nach mehr Klimaschutz.

Trotz einer positiven Einstellung bleiben „grüne" Waren meist Nischenprodukte. 2022 lag der Marktanteil von Produkten mit staatlichen Umweltzeichen bei 13,9 %, nur wenig höher als 2020. Die Marktanteile schwanken stark zwischen den Produktgruppen. So erreichten Waschmaschinen der höchsten Effizienzklasse zuletzt einen Marktanteil von 95,6 %. Dagegen lag der Anteil der höchsten Effizienzklasse bei Elektroherden, Backöfen und Klimageräten jeweils unter 1 % (Umweltbundesamt 2024). Insgesamt zeigt sich: Als Bürger/innen wollen wir Klimaschutz, als Konsument/innen berücksichtigen wir ihn oft nicht.

▶ **Nachhaltig merken** Obwohl das Umweltbewusstsein in Deutschland hoch ist, passt sich das Konsumverhalten nicht zwangsläufig daran an.

Die Bundesregierung will den Marktanteil umweltfreundlicher Produkte bis 2030 auf 34 % erhöhen (The German Federal Government 2021). Ein Blick auf die gewünschten Änderungen im Sinne der Nachhaltigkeit zeigt schnell, dass individuelles Konsumverhalten eine große Rolle spielt. Dazu gehören der Kauf klimafreundlicher Produkte, Recycling und die Reduzierung des Fleischkonsums. Verhaltensänderungen und Interventionen wie Green Nudging können dieses Verhalten beeinflussen.

Menschen agieren in verschiedenen Rollen und Kontexten: als Mitglieder von Gemeinschaften, Teilnehmende in Organisationen und als Bürger/innen, die die Politik beeinflussen können.

Neben dem Konsumverhalten zählen zum **klimafreundlichen Handeln** auch:

- Umweltfreundliche Technologien nutzen, etwa Solarthermie
- Große Projekte unterstützen, die Nachhaltigkeit fördern, wie Windparks
- Politisch engagieren, etwa durch Wählen und Demonstrieren für Klimaschutzmaßnahmen
- An politischen Prozessen teilnehmen, zum Beispiel in Bürger/innenräten
- Basisaktivitäten starten, wie Gemeinschaftsinitiativen für umweltfreundliche Energie oder umweltfreundliche Mobilität
- Gespräche und Austausch über Klimawandel, um das Bewusstsein zu schärfen und umweltfreundliches Verhalten zu fördern

Es ist entscheidend, dass die Psychologie und andere Disziplinen verstärkt Verhaltensänderungstheorien und -interventionen entwickeln und anwenden, um den Klimawandel effektiv anzugehen (Whitmarsh et al. 2011).

▶ **Nachhaltig merken** Nur durch gemeinsame Anstrengungen auf individueller, gesellschaftlicher und politischer Ebene sichern wir eine nachhaltige Zukunft für kommende Generationen.

1.3 Wo Green Nudging ansetzt

Umweltprobleme effektiv zu bewältigen, ist schwierig. Ihre einzigartige Natur und spezifische Hindernisse erschweren die Lösung:

- **Komplexität und Langfristigkeit:** Umweltprobleme sind oft komplex und betreffen lange Zeiträume. Ursachen und Folgen von Umweltverschmutzung und Klimawandel sind nicht immer klar erkennbar und oft ungleich verteilt. Dies erschwert es, direkte Zusammenhänge zwischen individuellen Handlungen und ihren Auswirkungen auf die Umwelt zu erkennen (Mickwitz 2003).

1.3 Wo Green Nudging ansetzt

- **Gemeingüter-Dilemma:** Ein zentrales Problem ist das Gemeingüter-Dilemma, auch bekannt als die „Tragödie der Allmende". Umweltgüter wie saubere Luft, Wasser und fruchtbare Böden sind öffentliche Güter, die von allen genutzt werden können, aber niemandem gehören. Dadurch fehlt das Gefühl persönlicher Verantwortung, was zu Übernutzung und Verschmutzung führt. Einzelpersonen handeln oft in ihrem eigenen Interesse, ohne die langfristigen negativen Auswirkungen auf die Gemeinschaft zu berücksichtigen (Hardin 1968; Ostrom 1990).
- **Psychologische Barrieren:** Psychologische Faktoren spielen eine große Rolle bei der Umsetzung ökologischen Verhaltens. Menschen neigen dazu, passive Entscheidungen zu treffen und den Status quo beizubehalten, selbst wenn sie umweltbewusste Absichten haben. Die Komplexität der Informationen, begrenzte persönliche Erfahrung mit den direkten Auswirkungen von Umweltproblemen und die Einflussnahme durch das Marketing Dritter erschweren die Verhaltensänderung zusätzlich. Entscheidungen, bei denen kurzfristige Kosten gegen langfristige Vorteile abgewogen werden müssen, führen häufig dazu, dass umweltfreundliche Maßnahmen aufgeschoben oder vermieden werden (Beshears et al. 2009).
- **Materielle Hindernisse:** Der Mangel an notwendiger Infrastruktur, wie Recycling-Systeme oder öffentliche Verkehrsmittel, wird unter dem Stichwort materielle Hindernisse zusammengefasst. Ohne diese Einrichtungen und den Zugang dazu fällt es Menschen schwer, umweltfreundliche Gewohnheiten zu entwickeln und beizubehalten (Kollmuss und Agyeman 2002).
- **Einstellungs-Verhaltens-Lücke:** Die Kluft zwischen ökologischen Überzeugungen und tatsächlichem Verhalten bleibt ein Hindernis auf dem Weg zu mehr Nachhaltigkeit. Menschen wissen oft um Umweltprobleme und möchten umweltfreundlicher handeln, doch die Umsetzung im Alltag verlangt tiefgreifende Änderungen in Routinen und Gewohnheiten, die schwer zu realisieren sind. Selbst mit dem nötigen Wissen geben sie ihre umweltschädlichen Gewohnheiten nicht zwangsläufig auf (Bürker und Gronover 2023).
- **Politische Herausforderungen:** Effektive Umweltpolitik zu gestalten und umzusetzen, ist schwierig. Die positiven Auswirkungen zeigen sich oft erst in ferner Zukunft, während die Kosten und Einschränkungen sofort spürbar sind. Das führt zu Widerständen in der Bevölkerung und erschwert die Durchsetzung notwendiger Maßnahmen.

Angesichts dieser Schwierigkeiten zeigt sich, dass traditionelle Ansätze oft nicht ausreichen, um einen nachhaltigen ökologischen Wandel zu bewirken. Neue Strategien und Instrumente müssen die menschliche Psychologie und Verhaltensmuster berücksichtigen. Hier kommen Konzepte wie Green Nudging ins Spiel, die durch subtile Veränderungen in der Entscheidungsarchitektur umweltfreundliches Verhalten fördern. Indem sie Verhaltensverzerrungen und soziale Normen nutzen, können Green Nudges helfen, bestehende Barrieren zu überwinden und den notwendigen ökologischen Wandel voranzutreiben (Schubert 2017).

Green Nudging, ein **innovativer Ansatz der Verhaltensökonomik**, lenkt das menschliche Verhalten hin zu nachhaltigeren und umweltfreundlicheren Entscheidungen. Es gestaltet die Entscheidungssituation so, dass umweltbewusste Optionen attraktiver und zugänglicher werden (Thaler und Sunstein 2008).

Die **Prospect-Theorie** bildet die theoretische Grundlage des Green Nudgings. Sie hilft zu verstehen, wie Menschen Gewinne und Verluste bei Umweltentscheidungen wahrnehmen. Menschen sind eher risikoavers und treffen oft irrational erscheinende Entscheidungen. Ein möglicher Weg, dieses Hindernis zu überwinden, besteht darin, Handlungsoptionen so zu präsentieren, dass Menschen eher umweltfreundliche Entscheidungen treffen (Sunstein 2014).

Green Nudging spielt im Nachhaltigkeitsmarketing eine zentrale Rolle und verfolgt folgende Ziele:

- **Umweltbewusstsein schaffen:** Durch gezielte Kommunikation und Werbung informieren Unternehmen Verbraucher über die Vorteile nachhaltiger Produkte und Verhaltensweisen.
- **Nachhaltigen Konsum fördern:** Unternehmen setzen Nudging-Techniken ein, um das Kaufverhalten der Verbraucher hin zu umweltfreundlichen Produkten und Dienstleistungen zu lenken (Dolan et al. 2012).
- **Nachhaltige Marken aufbauen:** Marken, die sich aktiv für Umweltschutz und Nachhaltigkeit engagieren, wie zum Beispiel Patagonia, können eine starke Bindung zu umweltbewussten Verbrauchern aufbauen.
- **Ein positives Umfeld für nachhaltiges Verhalten schaffen:** Durch die Gestaltung der Entscheidungsumgebung machen Unternehmen umweltfreundliche Optionen attraktiver und zugänglicher.

Green Nudging verlangt eine sorgfältige Gestaltung der Entscheidungsumgebung, um psychologische „Verzerrungen", sogenannte Biases, auszunutzen und umweltbewusstes Verhalten zu fördern. Empirische Studien belegen die Wirksamkeit in verschiedenen Bereichen, von der Reduzierung des Energieverbrauchs bis zur Steigerung der Recyclingraten (Allcott und Rogers 2014). Dennoch sollten weitere Experimente und Tests die Wirksamkeit dieser Maßnahmen überprüfen und verbessern (Thaler und Sunstein 2008).

▶ **Nachhaltig merken** Green Nudging lenkt individuelles Verhalten in eine nachhaltigere Richtung und trägt so bedeutend zu den globalen Nachhaltigkeitszielen bei.

▶ **Nachhaltig handeln** Wie können Sie die Entscheidungsprozesse in Ihrer Organisation so gestalten, dass sie umweltbewusstes Verhalten fördern?

Literatur

Allcott H, Rogers T (2014) The short-run and long-run effects of behavioral interventions: experimental evidence from energy conservation. Am Econ Rev 104:3003–3037. https://doi.org/10.1257/aer.104.10.3003

Beshears J, Choi JJ, Laibson D, Madrian BC (2009) The importance of default options for retirement saving outcomes. In: Social security policy in a changing environment. University of Chicago Press, Chicago, S 167–195

Bundesministerium für Wirtschaft und Klimaschutz (BMWK) (Hrsg) (2023) Kosten durch Klimawandelfolgen in Deutschland: Was uns die Folgen des Klimawandels kosten – Zusammenfassung. https://www.bmwk.de/Redaktion/DE/Downloads/M-O/Merkblaetter/merkblatt-klimawandelfolgen-in-deutschland-zusammenfassung.pdf?__blob=publicationFile&v=14. Zugegriffen am 11.09.2024

Bundesverfassungsgericht (2021) Verfassungsbeschwerden gegen das Klimaschutzgesetz teilweise erfolgreich (29. April 2021). https://www.bundesverfassungsgericht.de/SharedDocs/Pressemitteilungen/DE/2021/bvg21-031.html. Zugegriffen am 26.08.2024

Bürker M, Gronover S (2023) Was schließt die Einstellungs-Verhaltens-Lücke? Relevanz von Markenauftritt und Marketing-Mix für die Einstellungs-Verhaltens-Lücke beim Kauf nachhaltiger Markenprodukte. In: Schuster G, Wolter L-C (Hrsg) Nachhaltiges Markenmanagement. Innovative Unternehmenspraxis: Insights, Strategien und Impulse. Springer Gabler, Wiesbaden, S 215–232

Corsten M, Corsten H (2023) Nachhaltigkeit. In: Hippe A, Wirsam J (Hrsg) Nachhaltigkeit und Innovation in internen und externen Unternehmensbeziehungen. Springer Gabler, Wiesbaden, S 21–52

Dolan P, Hallsworth M, Halpern D et al (2012) Influencing behaviour: the mindspace way. J Econ Psychol 33:264–277. https://doi.org/10.1016/j.joep.2011.10.009

FAO (2020) The state of food and agriculture 2020. Overcoming water challenges in agriculture. Food and Agriculture Organization of the United Nations. http://www.fao.org/3/cb1447en/CB1447EN.pdf. Zugegriffen am 11.09. 2024

Grothmann T, Frick V, Harnisch R, Münsch M, Kettner SE, Thorun C (2023) Umweltbewusstsein in Deutschland 2022: Ergebnisse einer repräsentativen Bevölkerungsumfrage Bundesministerium für Umwelt, Naturschutz, nukleare Sicherheit und Verbraucherschutz und Umweltbundesamt. https://www.umweltbundesamt.de/sites/default/files/medien/3521/publikationen/umweltbewusstsein_2022_bf-2023_09_04.pdf. Zugegriffen am 21.10.2024

Hardin G (1968) The tragedy of the commons. Science 162:1243–1248. https://doi.org/10.1126/science.162.3859.1243

IPBES (2019) In: Brondizio ES, Settele J, Ngo HT (Hrsg) Global assessment report on biodiversity and ecosystem services of the Intergovernmental Science-Policy Platform on Biodiversity and Ecosystem Services. IPBES Sekretariat, Bonn. https://doi.org/10.5281/zenodo.3831673

IPCC (2023) Climate change 2023: synthesis report. contribution of working groups I, II and III to the sixth assessment report of the intergovernmental panel on climate change. In: Lee H, Romero J (Hrsg) Core writing team. IPCC, Geneva. https://doi.org/10.59327/IPCC/AR6-9789291691647

Jackson T (2005) Motivating sustainable consumption: a review of evidence on consumer behaviour and behavioural change. University of Surrey, Surrey

Kollmuss A, Agyeman J (2002) Mind the gap: why do people act environmentally and what are the barriers to pro-environmental behavior? Environ Educ Res 8:239–260. https://doi.org/10.1080/13504620220145401

Mickwitz P (2003) A framework for evaluating environmental policy instruments. Evaluation 9:415–436. https://doi.org/10.1177/135638900300900404

Ostrom E (1990) Governing the commons: the evolution of institutions for collective action. Cambridge University Press, Cambridge

Potsdam-Institut für Klimafolgenforschung (2022) Räumliche Verteilung der globalen und regionalen Kippelemente. Abbildung designed am PIK (unter CC-BY Lizenz), wissenschaftliche Grundlage ist Armstrong McKay et al, Science (2022). https://www.pik-potsdam.de/de/produkte/infothek/kippelemente/kippelemente. Zugegriffen am 27.09.2024

Sachs JD (2015) The age of sustainable development. Columbia University Press, New York

Schubert C (2017) Green nudges: do they work? Are they ethical? Ecol Econ 132:329–342. https://doi.org/10.1016/j.ecolecon.2016.11.009

Steg L, Vlek C (2009) Encouraging pro-environmental behaviour: an integrative review and research agenda. J Environ Psychol 29:309–317. https://doi.org/10.1016/j.jenvp.2008.10.004

Sunstein CR (2014) Nudging: a very short guide. J Consumer Pol 37:583–588. https://doi.org/10.1007/s10603-014-9273-1

Thaler RH, Sunstein CR (2008) Nudge: improving decisions about health, wealth, and happiness. Yale University Press, New Haven

The German Federal Government (2021) German sustainable development strategy update 2021 – summary version. https://www.bundesregierung.de/resource/blob/975274/1941044/bdb1a9f7f4c14005a1a3e92a6cce777d/2021-07-09-kurzpapier-n-englisch-data.pdf?download=1. Zugegriffen am 24.10.2024

Umweltbundesamt (2024) Indikator: Umweltfreundlicher Konsum https://www.umweltbundesamt.de/daten/umweltindikatoren/indikator-umweltfreundlicher-konsum. Zugegriffen am 21.10.2024

Whitmarsh L, O'Neill S, Lorenzoni I (2011) Climate change or social change? Debate within, amongst, and beyond disciplines. Environ Plann A Econ Space 43:258–261. https://doi.org/10.1068/a43359

WHO World Health Organization (2023) Climate change and health. https://www.who.int/news-room/fact-sheets/detail/climate-change-and-health. Zugegriffen am 23.10.2024

Zaneva M, Dumbalska T (2020) Green nudges: applying behavioural economics to the fight against climate change. PsyPag Quart 116:27–31. https://doi.org/10.53841/bpspag.2020.1.116.27

Psychologische Prinzipien hinter dem Nudging-Ansatz

2.1 Warum Menschen entscheiden, wie sie entscheiden

Forschungen der Verhaltensökonomik zeigen, dass menschliches Verhalten und Entscheidungen weniger rational sind, als lange angenommen wurde. Die traditionelle Wirtschaftstheorie beschreibt den **Homo oeconomicus** als rational handelndes Wesen, das stets seinen Nutzen maximiert. Dieses Modell geht davon aus, dass Menschen über vollständige Informationen verfügen und ihre Entscheidungen nach dem Kosten-Nutzen-Prinzip treffen (Kirchgässner 2014).

Doch die Realität sieht anders aus. Forschungen der **Verhaltensökonomik** zeigen, dass menschliches Verhalten und Entscheidungen oft von dieser idealisierten Rationalität abweichen. Statt auf vollständige Informationen und rationale Abwägungen zu setzen, nutzen Menschen häufig Heuristiken, mentale Abkürzungen, die schnelle Urteile ermöglichen, aber auch zu systematischen Verzerrungen führen können (Tversky und Kahneman 1974). Diese Verzerrungen können dazu führen, dass Menschen Entscheidungen treffen, die ihrem langfristigen Interesse schaden (Enste und Potthoff 2021).

▶ **Nachhaltig merken** Menschliche Entscheidungen sind nicht rein rational, sondern von kognitiven Verzerrungen geprägt. Deshalb treffen wir manchmal Entscheidungen, deren Konsequenzen nicht unseren eigenen Interessen entsprechen.

Eine zentrale Erkenntnis der psychologischen Forschung besagt, dass Entscheidungen stark vom Kontext abhängen. Der Kontext, in dem wir Entscheidungen treffen, kann unsere Wahl erheblich beeinflussen. Thaler und Sunstein (2008) haben das Konzept der **Entscheidungsarchitektur** eingeführt, das die bewusste Gestaltung des Umfelds beschreibt, um bestimmte Verhaltensweisen zu fördern, ohne die Entscheidungsfreiheit einzuschränken. Durch kleine, gezielte Änderungen in der Entscheidungsumgebung, sogenannte Nudges, zu Deutsch Schubs oder Anstoß, können Menschen umweltfreundlicher handeln, selbst wenn sie ursprünglich andere Präferenzen hatten (Thaler und Sunstein 2008).

Die Nudge-Theorie betont, dass Menschen in ihrem Denken und Entscheiden eingeschränkt sind (Schubert 2017). Jeder Faktor, der das Verhalten von Menschen verändert, wird als **Nudge** bezeichnet (Thaler und Sunstein 2008). Praktisch bedeutet das: Durch die gezielte Gestaltung von Optionen lassen sich Menschen zu umweltfreundlichen Entscheidungen bewegen, ohne dass sie es bewusst merken oder sich eingeschränkt fühlen.

Menschen treffen täglich viele Entscheidungen, oft unbewusst. Die **Dual Process Theory**, die unser Verständnis von Wahrnehmung und Entscheidungsfindung prägt, beschreibt zwei Prozesse (s. auch Abb. 2.1):

den automatischen, intuitiven (System 1) und
den reflektierten, abwägenden (System 2).

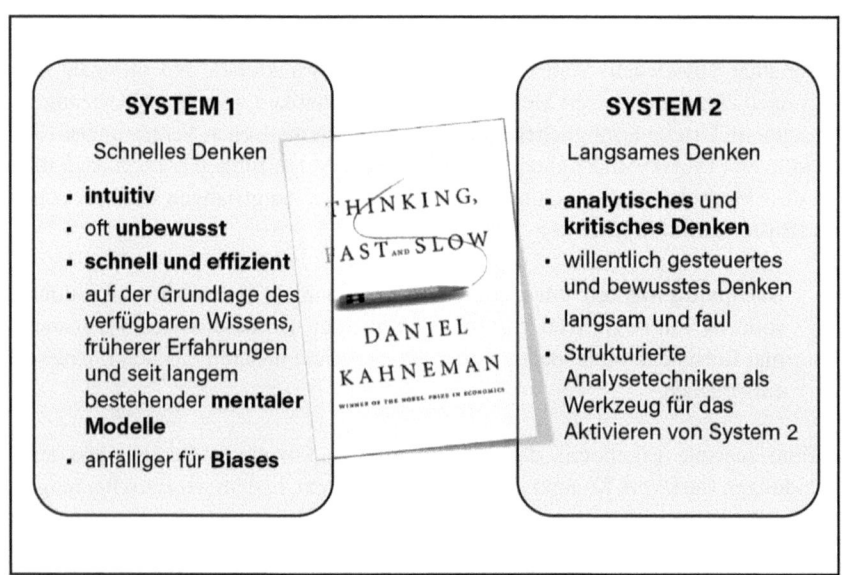

Abb. 2.1 Wie wir denken: System 1 und System 2. (Quelle: Pherson et al. 2024)

Diese Systeme interagieren ständig. System 1 trifft schnelle, intuitive Entscheidungen, während System 2 langsame, überlegte Entscheidungen trifft (Kahneman 2011). In vielen Alltagssituationen verlässt sich der Mensch auf System 1, was Nudges besonders effektiv macht, da sie auf intuitive Reaktionen abzielen.

Die **Prospect Theory** ergänzt dieses Verständnis, indem sie zeigt, dass Menschen Verluste stärker fürchten als sie Gewinne schätzen. Deshalb meiden wir oft Risiken, wenn wir Gewinne erwarten, und werden risikofreudig, wenn wir Verluste befürchten (Kahneman und Tversky 1979, 1984). Diese Verlustaversion und die damit verbundene Risikobereitschaft führen dazu, dass Menschen manchmal scheinbar irrationale Entscheidungen treffen, um potenzielle Verluste zu minimieren.

2.2 Die Kraft der positiven Verstärkung im Green Nudging

Wie in Abschn. 2.1 bereits beschrieben wurde, beeinflusst der Kontext oft die Entscheidungen der Menschen, die dann in vorhersehbare, suboptimale Verhaltensmuster verfallen (Thaler und Sunstein 2008). Psychologen und Ökonomen haben diese Muster untersucht und zeigen, dass man durch gezielte Ansprache bessere Entscheidungen fördern kann.

Das Gestalten eines geeigneten Kontexts oder das Feintuning der Entscheidungsarchitektur nutzt die Abkürzungen, die Menschen typischerweise bei Entscheidungen nehmen. Der rationale Handlungsweg ist aufwendig, sowohl in Bezug auf die benötigten Rechenressourcen als auch auf die Zeit, die erforderlich ist, um alle relevanten Informationen zu einem Problem zu finden und zu verarbeiten. Stattdessen verwenden Menschen Heuristiken. Eine **Heuristik** ist ein Verfahren, mit dem man versucht, komplexe Entscheidungen ohne vollständige Informationen möglichst gut zu lösen. Menschen vereinfachen damit Entscheidungsprobleme, aber ein heuristisches Vorgehen kann zu suboptimalen Entscheidungen führen.

Ein **Nudge** ist eine geplante Anpassung der Entscheidungsumgebung, die darauf abzielt, das Verhalten zu beeinflussen, ohne die Wahlfreiheit der Menschen einzuschränken oder umfassend zu kontrollieren. Es verändert ökonomische Anreize nur geringfügig (Barton und Grüne-Yanoff 2015). Solche Veränderungen in der Entscheidungsarchitektur gleichen die Folgen begrenzter Rationalität im menschlichen Verhalten aus. Diese Strategie übertrifft herkömmliche Methoden, um das Verhalten zu verbessern, besonders in Bereichen, in denen Menschen oft nicht im eigenen Interesse handeln, wie bei der Altersvorsorge, der Grippeimpfung oder dem Energiesparen (Benartzi et al. 2017).

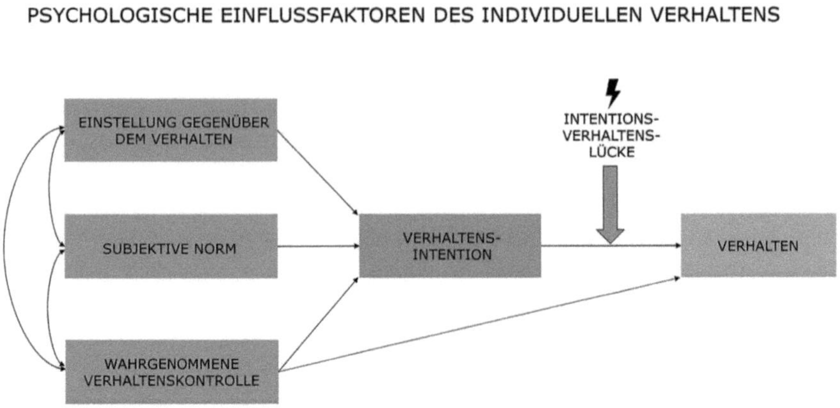

PSYCHOLOGISCHE EINFLUSSFAKTOREN DES INDIVIDUELLEN VERHALTENS

```
                                              ⚡
  ┌─────────────────────┐                 INTENTIONS-
  │ EINSTELLUNG GEGENÜBER│                VERHALTENS-
  │   DEM VERHALTEN     │                   LÜCKE
  └─────────────────────┘                     ↓
           ↘
  ┌─────────────────┐      ┌──────────────┐       ┌───────────┐
  │ SUBJEKTIVE NORM │ ───→ │ VERHALTENS-  │ ────→ │ VERHALTEN │
  └─────────────────┘      │  INTENTION   │       └───────────┘
           ↗               └──────────────┘            ↗
  ┌─────────────────────┐
  │   WAHRGENOMMENE     │
  │ VERHALTENSKONTROLLE │
  └─────────────────────┘
```

Abb. 2.2 Psychologische Einflussfaktoren des individuellen Verhaltens nach Ajzen (1991). (Quelle: Zbinden und Georgi 2024)

Im Entscheidungsprozess eines Menschen gibt es verschiedene Ansatzpunkte für solche Eingriffe in die Entscheidungsumgebung. Abb. 2.2 zeigt die **psychologischen Einflussfaktoren des individuellen Verhaltens**. Ajzen (1991) erklärt darin, wie menschliches Verhalten entsteht und was es beeinflusst. Alle dargestellten Faktoren wirken direkt oder indirekt auf das Verhalten. Einer dieser Faktoren ist die Einstellung einer Person.

In Abschn. 1.3 wurde die Einstellungs-Verhaltens-Lücke erläutert. Sie zeigt, dass viele Menschen eine bestimmte Einstellung zu einem Thema haben, etwa, dass sie Nachhaltigkeit gut und wichtig finden. Doch sie setzen diese Einstellung und die Absicht, sich umweltfreundlich zu verhalten, im Alltag nicht um. Nudges können helfen, diese Lücke zu schließen oder Impulse zu geben, um Absichten in Taten zu verwandeln. Nudging kann Menschen zu umweltfreundlichem Verhalten bewegen, wenn sie bereits die Absicht dazu haben. Es kann jedoch die grundlegenden Einstellungen der Menschen nicht beeinflussen oder ändern.

▶ **Nachhaltig merken** Green Nudging kann helfen, die Einstellungs-Verhaltens-Lücke zwischen Umweltbewusstsein und nachhaltigem Handeln zu schließen. Grundlegende Einstellungen können damit aber nicht geändert werden.

Gemäß Kahneman (2011) System 1 und System 2 (siehe Abschn. 2.1) und den Untersuchungen von Thaler und Sunstein (2008) unterscheiden wir zwischen zwei Arten von Nudges:

- **Typ-1-Nudges** zielen darauf ab, automatisiertes Verhalten ohne bewusste Reflexion auszulösen. Ein Beispiel sind kleinere Teller, die zu einer geringeren Kalorienaufnahme führen.
- **Typ-2-Nudges** bieten entscheidungsrelevante Informationen und verbessern die Voraussetzungen für Entscheidungen durch erhöhte Aufmerksamkeit. Öko-Labels lenken beispielsweise die Aufmerksamkeit auf wichtige Entscheidungskriterien. Diese Nudges werden oft besser akzeptiert, da sie die Entscheidungsfreiheit bewahren und informierte Entscheidungen unterstützen (Sunstein 2016).

Die meisten Maßnahmen im Green Nudging zielen darauf ab, ökologisches Verhalten zu fördern, indem sie grüne Handlungen auffälliger, ansprechender und einfacher machen (Zaneva und Dumbalska 2020). Positive Verstärkung spielt dabei eine zentrale Rolle, indem sie nachhaltiges Verhalten durch Belohnungen und Anreize attraktiver macht. Dies geschieht durch finanzielle Anreize, soziale Anerkennung oder Anreize, die direkt mit dem Verhalten verknüpft sind. Positive Verstärkung nutzt die natürliche Neigung der Menschen, auf Belohnungen zu reagieren, und kann so effektiv umweltfreundliches Verhalten unterstützen.

2.3 Wie Green Nudging funktionieren kann

Green Nudging umfasst drei Hauptansätze, um umweltfreundliches Konsumverhalten zu fördern (Schubert 2017):

1. **Sichtbarkeit erhöhen:** Diese Methode hebt Umweltaspekte eines Produkts hervor. Beispiele sind vereinfachte Öko-Labels wie das verpflichtende EU-Energielabel, das Informationen über Lebensdauer, Energieverbrauch oder Schadstoffgehalt klar präsentiert. Auch Technologien wie intelligente Stromzähler, Verbrauchsanzeigen für Duschen oder Heizenergie-Feedback-Systeme bieten unmittelbare Rückmeldungen, die helfen, den Energieverbrauch zu senken.
2. **Soziale Anpassung:** Dieser Ansatz nutzt den Effekt, dass Menschen sich an den Verhaltensweisen ihrer Umgebung orientieren. Vergleichsinformationen wie die eigene Stromabrechnung im Vergleich zum Verbrauch der Nachbarschaft oder Hinweise zur Abfall- und Recyclingquote können das Verhalten beeinflussen. Wichtig ist, dass das soziale Umfeld umweltfreundlicher handelt, da andernfalls ein Boomerang-Effekt auftreten kann, bei dem das Gegenteil der beabsichtigten Wirkung eintritt. Transparente Informationen, Selbstverpflichtungen und die Anwendung sozialer Normen spielen hier eine zentrale Rolle.

3. **Trägheit ausnutzen:** Dieser Ansatz nutzt die Tendenz der Menschen, bestehende Voreinstellungen beizubehalten und vereinfachte Optionen zu bevorzugen. Beispiele sind automatisch aktiviertes doppelseitiges Drucken, das automatische Angebot von Öko-Tarifen bei Vertragsabschlüssen oder kostenlose ÖPNV-Tickets für Neubürger/innen. Auch Apps zur Förderung spritsparenden Fahrens oder der erleichterte Zugang zu Bike-Sharing-Systemen tragen dazu bei, nachhaltiges Verhalten zu unterstützen. Die als Status-quo-Bias bekannte Beharrungstendenz lässt sich ausnutzen, indem man die Standard- oder Voreinstellung modifiziert. Solche bewussten **Änderungen des Defaults** gelten als besonders effektives Beispiel von Nudging.

Die empirische Forschung zeigt, dass Nudging am besten wirkt, wenn das gewünschte Verhalten mit geringem kognitiven und ressourcenmäßigen Aufwand erreichbar ist. Menschen reagieren empfänglicher, wenn sie weniger über die Wahl eines Stromprodukts nachdenken müssen und der Wechsel wenig Zeit und Geld kostet. Kund/innen beschäftigen sich nicht mit jedem Kauf gleich intensiv. Verschiedene Faktoren beeinflussen dies: persönliches Interesse, absoluter oder relativer Preis usw. **Je weniger ein Kauf reflektiert wird, desto empfänglicher sind Menschen für Nudges.** Deshalb funktioniert Nudging besonders gut bei Produkten wie Strom oder Versicherungen (Högg und Köng 2016).

Nudges zielen darauf ab, durch gezielte Verhaltensänderungen sowohl das **persönliche Wohl** (pro-self Nudges) als auch das **Wohl der Allgemeinheit** (pro-social Nudges) zu fördern. Sie tragen etwa zur Gesundheit, Ressourcenschonung und zum Klimaschutz bei (Barton und Grüne-Yanoff 2015; Fuhrberg 2019). So helfen sie, individuelle und gesellschaftliche Ziele zu erreichen.

▶ **Nachhaltig merken** Menschen akzeptieren Nudges eher, wenn sie persönlich statt gesellschaftlich gerahmt sind (Grelle et al. 2024).

Literatur

Ajzen I (1991) The theory of planned behavior. Organ Behav Hum Decis Process 50:179–211. https://doi.org/10.1016/0749-5978(91)90020-t

Barton A, Grüne-Yanoff T (2015) From libertarian paternalism to nudging—and beyond. Rev Philos Psychol 6:341–359. https://doi.org/10.1007/s13164-015-0268-x

Benartzi S, Beshears J, Milkman KL, Sunstein CR, Thaler RH, Shankar M, Tucker-Ray W, Congdon WJ, Galing S (2017) Should governments invest more in nudging? Psychol Sci 28:1041–1055. https://doi.org/10.1177/0956797617702501

Literatur

Enste DH, Potthoff J (2021) Behavioral economics and climate protection: better regulation and green nudges for more sustainability. IW-Analyse, Nr. 146, Institut der deutschen Wirtschaft (IW), Köln

Fuhrberg R (2019) Verhaltensökonomie in der Verwaltungskommunikation – Der Staat als Entscheidungsarchitekt. In: Kocks K, Knorre S, Kocks J (Hrsg) Öffentliche Verwaltung – Verwaltung in der Öffentlichkeit. Springer VS, Wiesbaden, S 77–101

Grelle S, Kuhn S, Fuhrmann-Riebel H, Hofmann W (2024) The role of framing and effort in green nudging acceptance. Behav Public Policy 1–16. https://doi.org/10.1017/bpp.2024.8

Högg R, Köng A (2016) Nudging im Bereich Umwelt und Nachhaltigkeit. Erfahrungen aus der Schweiz und Empfehlungen für Praktiker/innen. Stiftung Risiko-Dialog, St. Gallen

Kahneman D (2011) Thinking, fast and slow. Farrar, Straus and Giroux, New York

Kahneman D, Tversky A (1979) Prospect theory: an analysis of decision under risk. Econometrica 47:263–292. https://doi.org/10.2307/1914185

Kahneman D, Tversky A (1984) Choices, values, and frames. Am Psychol 39:341–350. https://doi.org/10.1037/0003-066x.39.4.341

Kirchgässner G (2014) Sanfter Paternalismus, meritorische Güter, und der normative Individualismus. List Forum 40:210–238. https://doi.org/10.1007/BF03373070

Pherson RH, Donner O, Gnad O (2024) Understanding how we think: system 1 and system 2. In: Clear thinking. Professional practice in governance and public organizations. Springer, Cham, S 5–19. https://doi.org/10.1007/978-3-031-48766-8_2

Schubert C (2017) Green nudges: do they work? are they ethical? Ecol Econ 132:329–342. https://doi.org/10.1016/j.ecolecon.2016.11.009

Sunstein CR (2016) People prefer system 2 nudges (kind of). Duke Law J 66:121–168

Thaler RH, Sunstein CR (2008) Nudge: improving decisions about health, wealth, and happiness. Yale University Press, New Haven

Tversky A, Kahneman D (1974) Judgment under uncertainty: heuristics and biases. Science 185:1124–1131. https://doi.org/10.1126/science.185.4157.1124

Zaneva M, Dumbalska T (2020) Green nudges: applying behavioural economics to the fight against climate change. PsyPag Quart 116:27–31. https://doi.org/10.53841/bpspag.2020.1.116.27

Zbinden M, Georgi D (2024) Nachhaltiger Konsum. In: Basel J, Manchen Spörri S (Hrsg) Angewandte Psychologie für die Wirtschaft. Springer, Berlin, Heidelberg, S 167–179. https://doi.org/10.1007/978-3-662-68559-4_13

Arten von Green Nudging 3

Green Nudging lässt sich in vier Kategorien einteilen (Zaneva und Dumbalska 2020):

1. **Grüne Standards oder Defaults**
2. **Grüne soziale Anreize**
3. **Grünes Feedback**
4. **Beseitigung von Barrieren für nachhaltiges Verhalten.**

Diese Kategorien werden im Folgenden näher beschrieben.

Ein Schwerpunkt der Forschung liegt auf **grünen Standards oder Defaults**. Hier nutzt man die menschliche Vorliebe für den Status quo (Zaneva und Dumbalska 2020). Das Festlegen einer grünen Option als Standard hat sich als äußerst effektiv erwiesen, um nachhaltiges Verhalten zu fördern. Grüne Defaults gehören daher zu den am häufigsten untersuchten Nudge-Interventionen in der Literatur (Shu und Bazerman 2010). Beispiele, bei denen die Vorauswahl erfolgreich funktioniert hat, sind der umweltfreundliche Versand oder das Abschaffen der kostenlosen Plastiktüten im Supermarkt, das dazu führte, dass mehr Menschen eigene Einkaufsbeutel mitbringen und nutzen und damit Plastik einsparen.

▶ **Nachhaltig handeln** Wo können Sie in Ihrer Organisation eine umweltfreundliche Option als Standard festlegen, um nachhaltiges Verhalten zu fördern?

Ein weiterer bedeutender Forschungszweig im Green Nudging untersucht **grüne soziale Anreize** für umweltfreundliches Verhalten. Dieser Ansatz beruht auf dem Wissen, dass soziale Normen und Vergleiche Menschen beeinflussen. Beispiele sind die öffentliche Anerkennung sparsamer Verbrauchshaushalte durch Veröffentlichung auf der städtischen Website für Wassereinsparungen (Brick et al. 2023) oder monatliche Berichte, die den Energieverbrauch eines Haushalts mit dem Durchschnitt der Nachbarn vergleichen (Allcott und Rogers 2014). Soziale Anreize können so nachweislich den Wasser- und Energieverbrauch senken. Aktiviert werden können sie etwa durch das Aufzeigen des Verhaltens anderer, normative Einstellungen, Bestätigung oder durch das Sichtbarmachen des sozialen Status (Zaneva und Dumbalska 2020).

▶ **Nachhaltig handeln** Wo können Sie das umweltfreundliche Verhalten Ihrer Kund/innen sichtbar machen, um andere zu motivieren, ebenfalls nachhaltig zu handeln? Ein Beispiel: „Jeder Dritte nutzt bereits den umweltfreundlichen Versand."

Grünes Feedback, der dritte Bereich des Green Nudgings, zielt darauf ab, die Umweltauswirkungen für Verbraucher/innen deutlich zu machen. Dies kann durch intelligente Technologien wie Smart Meter, durch kreative Rückmeldelösungen wie ein Bild eines grünen Kontinents auf einem Papiertuchspender, das mit jedem benutzten Tuch verblasst oder durch auffällige Umweltkennzeichnungen wie einen gut sichtbaren Kohlenstoff-Fußabdruck auf Produktverpackungen geschehen (Sörqvist und Langeborg 2019). Einige Forschende weisen jedoch darauf hin, dass schärfere Vorschriften für Umweltkennzeichnungen nötig sind, um Greenwashing zu vermeiden, bei dem Produkte umweltfreundlicher erscheinen, als sie sind. Die Ausgestaltung von Green Nudging sollte zum Ziel haben, umweltschädliche Verhaltensweisen wie den übermäßigen Konsum von Konsumgütern zu reduzieren (Zaneva und Dumbalska 2020).

▶ **Nachhaltig handeln** Wie können Sie die Umweltauswirkungen für Ihre Kund/innen sichtbar machen oder nachhaltige Optionen besonders hervorheben?

Bei der vierten und abschließenden Kategorie des Green Nudgings werden **Barrieren für nachhaltiges Verhalten beseitigt**. Diese Nudges unterstützen umweltfreundliche Handlungen und Maßnahmen, etwa durch größere Recycling-Behälter, die die Wiederverwertung fördern (Cosic et al. 2018), oder durch kompostierbare Beutel, die zum Kompostieren von Lebensmittelabfällen anregen

(Linder et al. 2018). Obwohl dieser Ansatz effektiv ist, wurde er in der Literatur weniger beachtet. Dies kann auf die höheren Kosten einiger Maßnahmen zurückzuführen sein, wie zum Beispiel für den Kauf von Recycling-Behältern (Zaneva und Dumbalska 2020).

▶ **Nachhaltig handeln** Viele Menschen empfinden nachhaltiges Handeln als umständlich. Wie können Sie nachhaltige Optionen einfacher und bequemer zugänglich machen?

In der Literatur gibt es viele Arten von Green Nudging, die sich in die vier bereits genannten Hauptkategorien einteilen lassen. Tab. 3.1 zeigt wichtige Arten von Green Nudges, erklärt sie und gibt jeweils ein Praxisbeispiel.

Tab. 3.1 Arten von Green Nudges

Nudge-Typ/Kategorie	Erläuterung	Praxisbeispiel für Green Nudge
Default/Standards/ Voreinstellung verändern Grüne Standards	Bei diesem Nudge wird die Standardoption so festgelegt, dass sie automatisch das gewünschte Verhalten unterstützt	Das Energiesparprogramm bei Geschirrspülern ist als Voreinstellung ausgewählt, damit dieses häufiger genutzt wird. (Foto der Autorinnen)
Entscheidungsaufwand verändern, Bequemlichkeit Beseitigung von Barrieren für nachhaltiges Verhalten	Einfache und unterhaltsame Entscheidungen reduzieren Widerstand, weil Menschen solche Optionen bevorzugen (Sunstein 2014)	Mehr als 75 Prozent der Gäste wählen Speisen, die am Anfang eines Buffets stehen. Deshalb werden umweltfreundliche und gesunde Lebensmittel zuerst platziert, um zu einer gesünderen und klimafreundlicheren Ernährung zu führen. (Foto der Autorinnen)

Nudge-Typ/Kategorie	Erläuterung	Praxisbeispiel für Green Nudge
Soziale Normen Grüne soziale Anreize	Soziale-Normen-Nudges nutzen den menschlichen Wunsch, sich dem Verhalten anderer anzupassen. Indem sie hervorheben, was andere tun, motivieren sie Individuen, ähnlich zu handeln. Dieser Nudge erweist sich als sehr effektiv und wurde u. a. von Cialdini (2007) untersucht	Ein grüner Einsatz im Einkaufswagen verkündet: „Die drei beliebtesten Gemüsesorten in diesem Supermarkt sind 1. Gurke, 2. Avocado und 3. Paprika." Dadurch greifen mehr Menschen zu gesundem Gemüse. (Quelle: Huitink et al. 2020, veröffentlicht unter CC-BY 4.0, https://creativecommons.org/licenses/by/4.0/)

(Fortsetzung)

Tab. 3.1 (Fortsetzung)

Nudge-Typ/Kategorie	Erläuterung	Praxisbeispiel für Green Nudge
Vereinfachen Beseitigung von Barrieren für nachhaltiges Verhalten	Der Nudging-Typ „Vereinfachen" will gewünschtes Verhalten fördern, indem er Aufwand und Hürden verringert	Das Aufstellen von Sammelboxen für Batterien in Drogerie-Märkten erhöht die Wahrscheinlichkeit einer korrekten Entsorgung. (Foto der Autorinnen)

3 Arten von Green Nudging

Nudge-Typ/Kategorie	Erläuterung	Praxisbeispiel für Green Nudge
Offenlegung Beseitigung von Barrieren für nachhaltiges Verhalten	Klare, leicht verständliche Informationen helfen Menschen, Entscheidungen zu treffen, die ihren Werten entsprechen (Sunstein 2014)	In einer Uni-Mensa kennzeichnet ein Ampel-System das gesündeste Gericht mit Grün, gefolgt von Gelb und Rot. Rechts steht zudem der CO_2-Wert des Gerichts. (Quelle: studierendenWERK Berlin o.J.)
Selbstverpflichtung fördern Beseitigung von Barrieren für nachhaltiges Verhalten	Bindungsinstrumente helfen Einzelpersonen, ihre Ziele zu verfolgen, indem sie ihnen erlauben, sich im Voraus zu einer Wahl zu verpflichten (Ariely und Wertenbroch 2002)	Meldet man sich vorab zum Veganuary an, steigt die Chance, im Januar vegan zu leben. (Quelle: veganuary 2023)

(Fortsetzung)

Tab. 3.1 (Fortsetzung)

Nudge-Typ/Kategorie	Erläuterung	Praxisbeispiel für Green Nudge
Erinnerungen/Auffälligkeit erhöhen Beseitigung von Barrieren für nachhaltiges Verhalten	Erinnerungen oder Hinweise sind Nudges, die Menschen helfen, sich an gewünschte Handlungen zu erinnern. Milkman et al. (2011) untersuchen, wie wirksam Erinnerungen das Verhalten fördern	Aufkleber an den Lampen sollen die Mitarbeitenden daran erinnern, beim Verlassen des Büros das Licht auszuschalten und Energie zu sparen. (Quelle: RWTH Aachen 2023)
Feedback Grünes Feedback	Feedback-Nudges informieren Einzelpersonen über ihr vergangenes Verhalten. So können sie über ihre Handlungen nachdenken	Das Smiley-Thermometer zeigt die Temperatur im Raum an und informiert mit einem Smiley über die optimale Luftfeuchtigkeit. Bei über 60 % ändert sich das Smiley in ein trauriges Gesicht und zeigt damit an, dass gelüftet werden sollte (Foto der Autorinnen)

Literatur

Allcott H, Rogers T (2014) The short-run and long-run effects of behavioral interventions: experimental evidence from energy conservation. Am Econ Rev 104:3003–3037. https://doi.org/10.1257/aer.104.10.3003

Ariely D, Wertenbroch K (2002) Procrastination, deadlines, and performance: self-control by precommitment. Psychol Sci 13:219–224. https://doi.org/10.1111/1467-9280.00441

Brick K, De Martino S, Visser M (2023) Behavioural nudges for water conservation: experimental evidence from Cape Town. J Environ Econ Manag 121. https://doi.org/10.1016/j.jeem.2023.102852

Cialdini RB (2007) Influence: the psychology of persuasion. Harper Collins, New York

Cosic A, Cosic H, Ille S (2018) Can nudges affect students' green behaviour? A field experiment. J Behav Econ Policy 2(1):107–111

Huitink M, Poelman MP, van den Eynde E, Seidell JC, Dijkstra SC (2020) Social norm nudges in shopping trolleys to promote vegetable purchases. Appetite 151:104655. https://doi.org/10.1016/j.appet.2020.104655

Linder N, Lindahl T, Borgström S (2018) Using behavioural insights to promote food waste recycling in urban households – evidence from a longitudinal field experiment. Front Psychol 9. https://doi.org/10.3389/fpsyg.2018.00352

Milkman KL, Beshears J, Choi JJ et al (2011) Using implementation intentions prompts to enhance influenza vaccination rates. Proc Natl Acad Sci 108:10415–10420. https://doi.org/10.1073/pnas.1103170108

RWTH Aachen (2023) Drück mich zum Abschied! https://wwwrwth-aachende/global/show_documentasp?id=aaaaaaaaccnyyrq. Zugegriffen am 27.09.2024

Shu LL, Bazerman MH (2010) Cognitive barriers to environmental action: problems and solutions. Harvard Business School NOM Unit Working Paper No. 11-046. https://doi.org/10.2139/ssrn.1701640

Sörqvist P, Langeborg L (2019) Why people harm the environment although they try to treat it well: an evolutionary-cognitive perspective on climate compensation. Front Psychol 10. https://doi.org/10.3389/fpsyg.2019.00348

StudierendenWERK BERLIN (o.J.) Mensa HWR Badensche Straße. https://www.stw.berlin/mensen/einrichtungen/hochschule-f%C3%BCr-wirtschaft-und-recht-berlin/mensa-hwr-badensche-stra%C3%9Fe.html. Zugegriffen am 27.09.2024

Sunstein CR (2014) Nudging: a very short guide. J Consum Policy 37:583–588. https://doi.org/10.1007/s10603-014-9273-1

Veganuary (2023) Jetzt mitmachen. https://veganuarycom/de/jetzt-mitmachen/. Zugegriffen am 27.09.2024

Zaneva M, Dumbalska T (2020) Green nudges: applying behavioural economics to the fight against climate change. PsyPag Quart 116:27–31. https://doi.org/10.53841/bpspag.2020.1.116.27

Best-Practice-Beispiele für Green Nudging 4

4.1 Green Nudges für nachhaltigere Mobilität

Situation

Trotz technologischer Fortschritte und wachsendem Umweltbewusstsein bleiben die CO_2-Emissionen im Mobilitätsbereich ein großes Problem. Mit über 20 % verursacht dieser Sektor den zweitgrößten Anteil an den weltweiten CO_2-Emissionen (Statista 2024). Viele Menschen bevorzugen Bequemlichkeit und Geschwindigkeit bei der Wahl ihrer Reiserouten, statt auf Kraftstoffeffizienz und die Reduzierung ihres CO_2-Fußabdrucks zu achten. Dieses Verhalten erhöht die Emissionen und bedroht die Umwelt erheblich.

Herausforderung

Mehrere psychologische Verzerrungen fördern dieses nicht nachhaltige Verhalten. Trägheit bindet Menschen an ihre gewohnten Routen und verhindert, dass sie umweltfreundlichere Alternativen wählen. Gegenwartsverzerrung lässt kurzfristige Vorteile wie kürzere Fahrzeiten wichtiger erscheinen als langfristige Umweltvorteile. Zudem fehlt oft das Bewusstsein für die Umweltauswirkungen der eigenen Entscheidungen, und es besteht oftmals die falsche Annahme, dass umweltfreundliche Routen weniger effizient sind.

Lösung

Im Oktober 2021 änderte Google Maps die Voreinstellungen seiner Plattform, um umweltbewusstes Fahren zu fördern. Sie machten eine umweltfreundliche Route zur Standardoption und setzten damit einen „Green Nudge" um. Diese

Abb. 4.1 Routenvorschläge mit Kraftstoffverbrauch. (Quelle: Google Maps 2024)

Route berechnet Googles innovatives Routing-Modell, das Straßensteigung und Verkehrsaufkommen berücksichtigt, um den Kraftstoffverbrauch zu optimieren. Wenn die geschätzte Ankunftszeit der umweltfreundlichen Route der der schnellsten Route entspricht, wird sie automatisch als Standard angezeigt (siehe Abb. 4.1). Selbst wenn die kraftstoffsparende Route nicht die schnellste ist, können Nutzende Kraftstoffeinsparungen und Zeitunterschiede mit wenigen Klicks vergleichen.

Nudging-Typ: Green Default und Offenlegung von Informationen
Ein Green Default ist ein Nudge, bei dem die umweltfreundlichste Option als Standard festgelegt wird. Nutzende wählen sie automatisch, es sei denn, sie entscheiden sich aktiv dagegen. Google Maps stellt in diesem Fall die kraftstoffeffizienteste Route als Standard ein. Nutzende müssen keine zusätzliche Entscheidung treffen, um eine umweltfreundlichere Wahl zu treffen, sondern werden von vornherein zu einer nachhaltigeren Option geleitet. Dieser Ansatz reduziert die kognitive Last, die mit der Entscheidung für umweltfreundliche Alternativen verbunden ist, und fördert somit nachhaltiges Verhalten.

Durch die Anwendung von Green Defaults kann umweltfreundliches Verhalten signifikant gefördert werden, ohne dass Nutzende es als zusätzliche Belastung empfinden. Zusätzlich wird der Kraftstoffverbrauch offengelegt und vergleichend angezeigt, was die Entscheidung für Nachhaltigkeit weiter unterstützt.

Ergebnis
Seit der Einführung in den USA und Kanada hat diese Maßnahme jährlich über 1 Mio. Tonnen CO_2-Emissionen eingespart, was der Umweltbelastung von mehr als 200.000 benzinbetriebenen Autos entspricht. 2022 wurde diese umweltfreundliche Funktion auf über 40 europäische Länder ausgeweitet. Dort können Nutzende nun den Motortyp ihres Fahrzeugs angeben, um die umweltfreundlichste Route noch genauer zu berechnen (Rang 2023).

4.2 Green Nudges für nachhaltigere Ernährung

Situation
In Deutschland verursacht die Ernährung 15 % der Treibhausgasemissionen pro Person (Umweltbundesamt 2024). EDEKA will mit der Kampagne „Frische und Regionalität" den Konsum regionaler und saisonaler Produkte fördern, um die Umweltbelastung durch Transport zu senken.

Herausforderung
Verbrauchende bevorzugen oft importierte Produkte wegen ihrer Verfügbarkeit und Gewohnheiten, ohne die Umweltfolgen zu bedenken.

Lösung
EDEKA hat spezielle Bereiche in seinen Märkten eingerichtet, die ausschließlich regionale und saisonale Produkte hervorheben. Diese Produkte werden prominent mit Hinweisen auf ihre Umweltvorteile und Frische ausgezeichnet (siehe Abb. 4.2).

Nudging-Typ: Entscheidungsoptionen verändern
Durch die gezielte Platzierung und Hervorhebung regionaler Produkte wird der Zugang zu umweltfreundlicheren Optionen erleichtert und die Kaufentscheidung beeinflusst.

Ergebnis
Die Aktion hat den Verkauf regionaler und saisonaler Produkte gesteigert und das Bewusstsein für deren Vorteile geschärft. Ein ähnliches Experiment einer däni-

Abb. 4.2 Gezielte Platzierung und Hervorhebung von regionalen und saisonalen Produkten im Supermarkt. (Fotos der Autorinnen)

schen Supermarktkette führte zu einer Steigerung des Verkaufs von Obst und Gemüse um 69 %, einer Reduzierung der CO_2-Emissionen um 14 % und einer deutlich verbesserten Wahrnehmung klimafreundlicher Entscheidungen. Zudem stieg der Umsatz des Testmarktes um 123 %, was zeigt, dass nachhaltige Praktiken nicht nur gut für die Umwelt sind, sondern auch die Rentabilität erhöhen können (Höppner und Höppner 2024).

4.3 Green Nudges für Wassereinsparungen

Situation
Wasserverschwendung in Hotels, besonders durch lange Duschzeiten der Gäste, stellt ein erhebliches Umweltproblem dar. Hotelgäste duschen im Durchschnitt acht bis zehn Minuten, deutlich länger als zu Hause. Das führt zu unnötigem Wasserverbrauch und höheren Betriebskosten für die Hotels.

Herausforderung
Das Problem liegt darin, das Verhalten der Hotelgäste zu ändern, da sie oft weder die zusätzlichen Kosten noch die Umweltauswirkungen ihres Wasserverbrauchs

4.3 Green Nudges für Wassereinsparungen

beachten. Es gilt, Wege zu finden, die Duschgewohnheiten der Gäste nachhaltig zu beeinflussen, ohne ihren Komfort zu mindern.

Lösung
Disneyland Paris installierte in der Disney Sequoia Lodge wassersparende Duschköpfe, die den Wasserverbrauch durch farbige Beleuchtung anzeigen (siehe Abb. 4.3). Die Farben wechseln von Blau für die ersten 10 L über Grün und Lila bis hin zu Rot, wenn 30 L überschritten werden. Diese Farbcodierung fördert kürzere Duschen und verbindet Verhaltensänderungen mit einem spielerischen Element.

Nudging-Typ: Feedback und Gamification
Dieser Nudge-Typ setzt auf Echtzeit-Feedback und visuelle Hinweise, um das Verhalten der Menschen zu steuern. Bei den wassersparenden Duschköpfen in Disneyland Paris macht die visuelle Rückmeldung über die Farben den Gästen intuitiv bewusst, wie viel Wasser sie verbrauchen, und ermutigt sie, ihre Duschzeit zu verkürzen, um Wasser zu sparen. Durch die Verbindung von Verhalten mit direktem Feedback in Form von leicht verständlichen und universell erkennbaren Farben wird nachhaltigeres Verhalten gefördert.

In diesem Beispiel wird der Duschvorgang in ein „Spiel" verwandelt, bei dem die Gäste versuchen, innerhalb der grünen und lila Farbzone zu bleiben. Die Gäste

Abb. 4.3 Wasser sparen mit Feedback-Duschköpfen. (Quelle: Hydrao o. J.)

werden dadurch ermutigt, weniger Wasser zu verbrauchen, da sie den „roten Bereich" vermeiden wollen. Diese spielerische Herausforderung macht das Wassersparen unterhaltsam und erhöht die Wahrscheinlichkeit, dass die Gäste ihr Verhalten entsprechend anpassen. Das Nutzen von spielerischen Elementen, um Menschen zu motivieren und ihr Verhalten zu beeinflussen, wird auch als Gamification bezeichnet.

> ▶ **Nachhaltig handeln** Wo können Sie spielerische Elemente in ihre Nudging-Strategie einbauen?

Ergebnis
Die „Hydrao-Duschköpfe" haben den Wasserverbrauch in den Duschen des Testhotels um 22 % reduziert. Bei anhaltendem Erfolg plant das Resort, diese Duschköpfe sowie wassersparende Toiletten in allen Hotelzimmern von Disneyland Paris zu installieren (Dein-dlrp 2023).

4.4 Green Nudges für Verpackungsreduktion und Recycling

Situation
Produktverpackungen bestehen oft aus nicht biologisch abbaubaren Materialien wie Kunststoff und brauchen teilweise Jahrhunderte, um zu verrotten. Ihre Herstellung verbraucht Ressourcen und Energie, was die CO_2-Emissionen in die Höhe treibt. Lush, bekannt für ethische und umweltfreundliche Produkte, stand vor einem Problem: Besonders im Kosmetikbereich verursachen Verpackungen erhebliche Müllmengen.

Herausforderung
Die Hauptaufgabe für den Kosmetikanbieter bestand darin, den Verpackungsmüll zu verringern und die Kund/innen zu motivieren, weniger Verpackungsmaterial zu verwenden.

Lösung
Lush führte in vielen Geschäften das Konzept der Naked Products ein – Produkte ohne Verpackung (siehe Abb. 4.4). Diese Artikel, die etwa 60 % des Sortiments in Deutschland ausmachen, reduzieren Abfall. Zudem startete Lush ein Rücknahmeprogramm für Behälter: Kund/innen können leere Behälter zurückgeben, damit sie recycelt werden. Klare Informationen und monetäre Anreize fördern die Teilnahme der Kund/innen.

4.4 Green Nudges für Verpackungsreduktion und Recycling

Abb. 4.4 Unverpackte Kosmetik. (Foto der Autorinnen)

Nudging-Typen: Standard-Option ändern und Information sichtbar machen
Lush hat die Standardoption für Produkte verändert, indem sie unverpackte Produkte (Naked Products) zur Default-Option in vielen Produktkategorien gemacht haben. Kund/innen können mit dem Kauf dieser Produkte die Verwendung von Verpackungen minimieren.

Weiterhin informieren deutliche Hinweise in den Stores über Rückgabemöglichkeiten für Behälter und die Vorteile unverpackter Produkte. Bei der Rückgabe von Behältern können sich Kund/innen 50 Cent pro Behälter auf ihren Einkauf anrechnen lassen. So ermutigt Lush die Kund/innen, an Recycling-Programmen teilzunehmen und umweltfreundliche Optionen zu wählen.

Ergebnis
Das Konzept unverpackter Produkte und das Rücknahmeprogramm verringerten den Verpackungsmüll erheblich. Kund/innen kauften aktiv unverpackte Produkte und gaben ihre leeren Behälter zurück. Dies reduzierte nicht nur die Umweltbelastung, sondern schärfte auch das Bewusstsein der Kund/innen für Nachhaltigkeit und Recycling. Lush festigte seine Position als umweltbewusstes Unternehmen und erweiterte seine Kund/innenbasis, die zunehmend auf nachhaltige Einkaufsmöglichkeiten setzt (Lush o. J.).

4.5 Green Nudges für effizienteren Umgang mit Energie

Situation
Beim Kauf eines neuen Haushaltsgeräts, etwa eines Kühlschranks, haben Verbrauchende oft Mühe, das energieeffizienteste Modell zu finden. Die Geräte in der EU und den USA weisen nur eine Energieklasse, ohne eine klare Rangfolge der Effizienz auf. Verbrauchende wählen daher nicht bewusst das effizienteste Gerät, sondern greifen oft ohne genaue Kenntnis der tatsächlichen Energieeffizienz zu einem Modell. Das erschwert umweltfreundliche Kaufentscheidungen.

Herausforderung
Verbrauchende sollen motiviert werden, die energieeffizientesten Produkte zu wählen. Dafür brauchen sie transparente und vergleichbare Informationen, die ihnen eine informierte Entscheidung ermöglichen, statt aus einer unklaren Auswahl zu wählen. Das bestehende Kennzeichnungssystem bietet diese Klarheit jedoch nicht.

Lösung
Das Team von Enervee entwickelte den „Enervee Score", der jedes Produkt in einer Kategorie mit 0 bis 100 Punkten bewertet. Eine höhere Punktzahl signalisiert eine höhere Energieeffizienz im Vergleich zu ähnlichen Produkten. In Abb. 4.5 sind die jeweiligen Kühlschränke mit einer Punktzahl von 85 bzw. 91 markiert. Diese Punktzahl macht Energieeffizienz zu einem handlungsorientierten und leicht verständlichen Merkmal, sodass Verbrauchende gezielt das effizienteste Gerät auswählen können.

Nudging-Typ: Informations- bzw. Offenlegungs-Nudge
Der in diesem Beispiel angewendete Nudge-Typ ist der Informations- bzw. Offenlegungs-Nudge. Konkret handelt es sich um eine Form des transparenten Entscheidungsdesigns. Durch die Einführung des „Enervee Scores" wird eine bisher

4.5 Green Nudges für effizienteren Umgang mit Energie

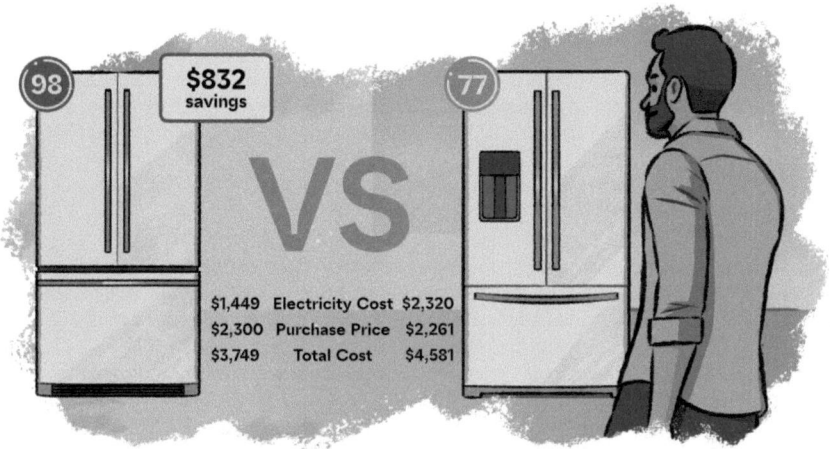

Abb. 4.5 Preisvergleich eines Kühlschranks inkl. Energiekosten. (Quelle: Green Nudges o. J.)

unklare oder „verdeckte" Information (die tatsächliche Energieeffizienz eines Produkts) sichtbar und leicht verständlich gemacht. Dies erlaubt den Verbrauchenden, auf Basis dieser klaren Information eine bewusste und informierte Entscheidung zu treffen.

Dieser Nudge reduziert die kognitive Belastung der Verbrauchenden, da sie nicht mehr komplizierte technische Daten interpretieren müssen, sondern eine einfache, vergleichbare Zahl sehen, die ihre Wahl vereinfacht. Der „Enervee Score" transformiert somit eine schwer zugängliche Information in ein handlungsorientiertes, leicht erfassbares Merkmal und führt dadurch zu nachhaltigeren Kaufentscheidungen.

Ergebnis
In Studien mit Kontrollgruppen zeigte sich, dass Verbrauchende, denen der Enervee Score angezeigt wurde, im Durchschnitt zu 12 % effizientere Produkte auswählten. Dieser einfache Nudge motivierte die Verbrauchenden unabhängig von ihrem Interesse an Nachhaltigkeit oder Klimaschutz, energieeffizientere Geräte zu kaufen. Durch diesen Nudge werden Energieeinsparungen über die gesamte Lebensdauer des Geräts erzielt (Enervee Corporation o. J.).

Literatur

Dein-dlrp (2023) Wasser sparen in Disneyland Paris. https://www.dein-dlrp.de/disney-parks-magazin/wasser-sparen-in-disneyland-paris/. Zugegriffen am 11.09.2024

Enervee Corporation (o.J.) Enervee score – Enervee. https://www.enervee.com/score. Zugegriffen am 11.09.2024

Google Maps (2024) https://maps.app.goo.gl/EAudLXmE5fzt2B9E9?g_st=ic. Zugegriffen am 27.09.2024

Green Nudges (o.J.) The enervee score: a one-time nudge that saves energy for years and years. https://www.green-nudges.com/enervee-score/. Zugegriffen am 13.11.2024

Höppner M, Höppner M (2024) Green Nudges für nachhaltigere Entscheidungen im Handel. Haufe.de. https://www.haufe.de/sustainability/strategie/green-nudges-handel_575772_621244.html. Zugegriffen am 11.09.2024

Hydrao (o.J.) Aloe Showerhead. https://www.hydrao.com/en/store/showerhead-aloe#/2-couleur-chrome. Zugegriffen am 27.09.2024

Lush (o.J.) BRING IT BACK – unser Recyclingprogramm seit März 2022. https://www.lush.com/de/de/c/bring-it-back. Zugegriffen am 11.09.2024

Rang T (2023) Spritsparend und klimafreundlicher unterwegs – mit Google Maps. Google Blog. https://blog.google/intl/de-de/produkte/suchen-entdecken/kraftstoffsparende-routen-google-maps/. Zugegriffen am 11.09.2024

Statista (2024) Verteilung der CO2-Emissionen weltweit nach Sektor 2022. https://de.statista.com/statistik/daten/studie/167957/umfrage/verteilung-der-co-emissionen-weltweit-nach-bereich/. Zugegriffen am 11.09.2024

Umweltbundesamt (2024) Fragen und Antworten zu Tierhaltung und Ernährung. https://www.umweltbundesamt.de/themen/landwirtschaft/landwirtschaft-umweltfreundlich-gestalten/fragen-antworten-zu-tierhaltung-ernaehrung. Zugegriffen am 26.08.2024

Möglichkeiten und Grenzen des Green Nudgings 5

5.1 Chancen für individuelle und gesellschaftliche Veränderungen

Green Nudges unterstützen Menschen effektiv dabei, umweltfreundlichere Entscheidungen zu treffen, indem sie Selbstkontrollprobleme verringern oder durch klare Informationen die Entscheidungsfindung erleichtern. Laut Bruttel et al. (2014) helfen gut konzipierte Nudges, bessere Entscheidungen zu treffen, indem sie relevante und leicht verständliche Informationen bieten.

Ein Beispiel für die Wirksamkeit von Green Nudging ist der „Green Default" bei der Stromauswahl. Wenn automatisch auf eine umweltfreundliche Option wie Ökostrom voreingestellt ist, steigt die Wahrscheinlichkeit, dass diese Option gewählt wird, erheblich. Solche Maßnahmen zeigen, dass Nudging einen beträchtlichen Hebel zur Reduzierung von CO_2-Emissionen bieten und somit zur Bekämpfung der Klimakrise beitragen kann. Dies bringt jedoch auch Verantwortung für private und staatliche Agierende mit sich, die solche Maßnahmen umsetzen. Besonders im öffentlichen Sektor gibt es Bereiche, in denen es nicht nur unbedenklich, sondern auch wünschenswert ist, dass staatliche Stellen aktiv Nudges einsetzen. Dies betrifft insbesondere Maßnahmen, die Bürger/innen übersichtliche Informationen bereitstellen – etwa über ihren Stromverbrauch – und sie dadurch in ihren Entscheidungen unterstützen. Darüber hinaus können staatlich initiierte Nudges helfen, Menschen zu ermutigen, ihre Selbstkontrolle besser zu steuern, wenn sie sich zu einem umweltfreundlicheren Verhalten verpflichten möchten (Bruttel et al. 2014).

Studien zeigen, dass Menschen, die den menschengemachten Klimawandel als Bedrohung anerkennen, sich häufiger umweltfreundlich verhalten (Zhao et al. 2018; Wullenkord und Reese 2021). Die Leugnung des Klimawandels hängt oft mit der politischen Ausrichtung zusammen; rechtsorientierte Personen neigen stärker zur Klimawandelleugnung (McCright und Dunlap 2011; Panno et al. 2018). Dies deutet darauf hin, dass die Wirksamkeit von Nudges von individuellen Überzeugungen und der Präsentation der Maßnahmen abhängt. Moderne Informations- und Kommunikationstechnologien können die Wirksamkeit von Nudges steigern, indem sie Maßnahmen gezielt an individuelle Bedürfnisse anpassen (Mont et al. 2014). Grüne Nudges eignen sich daher gut, um Umweltprobleme anzugehen. Sie können unter Umständen sogar konventionelle politische Instrumente in der Wirksamkeit übertreffen (Evans et al. 2017).

Insgesamt zeigt sich, dass Green Nudging eine vielversprechende Methode ist, um nachhaltiges Verhalten zu fördern. Gleichzeitig müssen die ethischen Implikationen und die langfristige Wirkung dieser Maßnahmen sorgfältig abgewogen werden, um sicherzustellen, dass diese positiv zur gesellschaftlichen Transformation beitragen.

5.2 Kritische Reflexion: Ethik und Freiwilligkeit im Green Nudging

Green Nudging kann umweltfreundliches Verhalten fördern und nachhaltige Entscheidungen unterstützen, wirft aber auch wichtige ethische Fragen auf, die sorgfältig geprüft werden müssen.

Ein zentraler theoretischer Hintergrund des Nudging-Konzepts in Bezug auf die **Freiwilligkeit** ist der „libertäre Paternalismus", wie ihn Sunstein (2015) beschreibt. Diese Denkweise versucht, eine Balance zwischen dem paternalistischen Ansatz – der Bevormundung zum Wohle des Individuums – und der liberalen Betonung individueller Entscheidungsfreiheit zu finden. Kritiker des libertären Paternalismus argumentieren jedoch, dass dieser Ansatz widersprüchlich ist, da Nudging, besonders in intransparenter Form, die Handlungsfreiheit einschränken kann. Obwohl behauptet wird, dass Menschen ohnehin immer einer Entscheidungsarchitektur unterworfen sind und diese nicht dem Zufall oder kommerziellen Interessen überlassen werden sollte (Krisam et al. 2017), bleibt die Frage, welche Eingriffe als unaufdringlich und ethisch vertretbar gelten (Fuhrberg 2019).

5.2 Kritische Reflexion: Ethik und Freiwilligkeit im Green Nudging

▶ **Nachhaltig handeln** Stellen Sie sicher, dass Ihre Nudges stets freiwillig bleiben, sodass immer die Möglichkeit besteht, eine andere Wahl zu treffen als die, die Sie mit dem Nudge anstreben.

Ein weiterer Kritikpunkt betrifft den Vorwurf der **Manipulation**, der oft mit Nudging einhergeht, besonders, wenn der Nudge nicht im besten Interesse der betroffenen Person liegt. Thaler (2015), Mitbegründer des Nudging-Konzepts, warnt vor „bösen Nudges" („evil Nudges"), die in der Privatwirtschaft gezielt kommerzielle Interessen fördern, ohne das Wohl der Verbraucher/innen zu berücksichtigen. Dies verdeutlicht die Notwendigkeit, Nudging-Maßnahmen kritisch zu hinterfragen und ethisch fundiert zu gestalten.

Hansen und Jespersen (2013) unterscheiden zwischen **Typ-1- und Typ-2-Nudges**, basierend auf den Arbeiten von Kahneman (2011) sowie Thaler und Sunstein (2008). Typ-1-Nudges, die auf automatisierte, unreflektierte Verhaltensweisen abzielen, gelten als manipulativer und sind schwer zu rechtfertigen, besonders, wenn sie Menschen zu Handlungen verleiten, die sie sonst nicht ausführen würden. Je mehr eine Intervention die Fähigkeit zur reflektierten Entscheidung einschränkt, desto manipulativer wirkt sie (Sunstein 2015). Diese ethischen Bedenken sind wichtig, wenn man die Grenzen des Nudgings und dessen Einfluss auf die individuelle Autonomie abwägt. Im Gegensatz dazu fördern Typ-2-Nudges reflektierte Entscheidungen und stellen entscheidungsrelevante Informationen bereit, wodurch sie die Autonomie der Individuen wahren. Diese Form des Nudgings gilt aus liberaler Sicht als legitim und findet in der Bevölkerung höhere Akzeptanz (Sunstein 2015; Fuhrberg 2019).

Damit Nudging ethisch vertretbar bleibt, müssen bestimmte **Rahmenbedingungen** erfüllt sein. Sunstein und Thaler (2003) betonen, dass Nudges transparent und nicht irreführend sein sollten, leicht umgangen werden können und dem Wohl der Beeinflussten dienen sollten. Eine Untersuchung der Schweizer Stiftung Risiko-Dialog (Högg und Köng 2016) zur Akzeptanz und Effektivität verschiedener Nudging-Maßnahmen im Bereich Nachhaltigkeit und Umwelt zeigt, dass es sinnvoll ist, mögliche Kritikpunkte im Vorfeld zu berücksichtigen, um die gesellschaftliche Akzeptanz sicherzustellen.

▶ **Nachhaltig handeln** Welche Kritik könnte an Ihren Nudging-Ideen aufkommen und wie könnten Sie diese bei der Umsetzung antizipieren?

Nudges und Entscheidungsarchitekturen sind unvermeidbar und oft ethisch notwendig, besonders, wenn sie das Wohl der Menschen fördern, ihre Autonomie wahren oder grundlegende Werte schützen (Sunstein 2015). Jede staatliche Maßnahme, einschließlich Nudges, muss gerechtfertigt sein. Regierungen sollten ihre Entscheidungen transparent und nachvollziehbar machen, etwa bei der Offenlegung von Informationen oder der Festlegung von Standardregeln. Ein oft diskutiertes Beispiel ist die Organspende. Derzeit gilt die Entscheidungslösung, bei der eine aktive Zustimmung zur Organspende erforderlich ist. Wegen der geringen Organspendezahlen wird immer wieder die Widerspruchslösung debattiert, bei der jede/r grundsätzlich Organ spendende Person wäre, es sei denn, er oder sie widerspricht zu Lebzeiten. Diese ethische Debatte ist noch nicht geklärt. Trotz der Möglichkeit, die Wahlfreiheit zu bewahren, bleibt Transparenz entscheidend, um Vertrauen und Akzeptanz in der Bevölkerung zu sichern.

Ethische Überlegungen sind bei der Anwendung von Green Nudging entscheidend. Die Herausforderung besteht darin, das Verhalten positiv zu beeinflussen, ohne die individuelle Autonomie zu untergraben, und gleichzeitig unbeabsichtigte Folgen zu berücksichtigen.

5.3 Herausforderungen und Potenziale für die Zukunft

Mit dem Aufkommen von Big Data eröffnen sich neue Potenziale für Nudging, vor allem durch die Möglichkeit der **Personalisierung**. Big-Data-gestütztes Nudging kann jedoch manipulativ und erzwungen wirken, was Bedenken hinsichtlich der Freiheit und Autonomie der Individuen aufwirft. Ein zentraler Punkt der Debatte ist, dass Big Data durch tiefe Einblicke in Entscheidungsmechanismen und detaillierte Persönlichkeitsprofile eine neue Dimension der Beeinflussung ermöglicht. Werbetreibende und andere am Markt agierende Menschen und Institutionen haben zwar schon immer versucht, Entscheidungen zu manipulieren, aber die neuen Werkzeuge erlauben es, Menschen effektiver als je zuvor zu beeinflussen (Coeckelbergh 2020).

▶ **Nachhaltig handeln:** Wie können Sie datengestützte Personalisierung einsetzen, um Ihre Nudges effektiver zu gestalten, ohne dabei die Wahlfreiheit zu beschneiden?

Der umfassende Einsatz von Big Data und KI im Green Nudging wird **AI-Powered Climate Nudging** genannt. Diese Methode könnte das Verhalten der Menschen umwelt- und klimafreundlicher gestalten. Die Idee: KI analysiert Daten ganzer Bevölkerungen oder weltweit und liefert nicht nur statistische Informationen über unseren kollektiven CO_2-Fußabdruck, sondern präsentiert sie so, dass sie menschliche Vorurteile und Emotionen ansprechen. So zwingt niemand die Menschen, das „Richtige" zu tun, wie in einem autoritären Regime; vielmehr lenkt man sie sanft in eine bestimmte Richtung, wobei sie die Freiheit behalten, andere Entscheidungen zu treffen (Coeckelbergh 2020).

> **Nachhaltiges Praxisbeispiel: Optimierung des Energieverbrauchs in Smart Homes**
>
> Ein konkretes Beispiel für den Einsatz von KI im Green Nudging ist die Optimierung des Energieverbrauchs in Smart Homes. KI-gestützte Systeme analysieren das Nutzungsverhalten der Bewohnenden und drosseln automatisch die Heizung, wenn niemand zu Hause ist, oder schlagen in Echtzeit Energiesparoptionen vor, basierend auf den aktuellen Strompreisen und dem CO_2-Fußabdruck des Stromnetzes. Die KI könnte so gestaltet sein, dass sie die Nutzenden subtil motiviert, energieeffizienter zu handeln, indem sie die Auswirkungen ihrer Entscheidungen auf den Klimawandel sichtbar macht. ◀

Obwohl die Freiheit scheinbar gewahrt bleibt, verschärft der Einsatz von KI-Technologien zur Förderung klimafreundlicher Verhaltensweisen die ethischen Bedenken hinsichtlich der **Autonomie.** Während herkömmliche Nudging-Praktiken, wie die Art der Präsentation von Lebensmitteln in einer Cafeteria, nur lokale Auswirkungen haben, könnten digitale Nudges mit Millionen von Nutzenden weltweit eine weitreichende Wirkung entfalten. Es gibt bereits Belege dafür, wie Charaktereigenschaften aus digitalen Spuren abgeleitet werden können, um eine effektive Massenbeeinflussung zu erreichen. Ein bekanntes Beispiel ist das umstrittene Facebook-Experiment, bei dem 2012 die Newsfeeds von fast 690.000 Menschen manipuliert wurden (Bartmann 2022).

Die weitreichenden Folgen des KI-gestützten Nudgings bedrohen nicht nur die Autonomie einzelner Personen oder Gruppen, sondern auch die **kollektive Autonomie** der gesamten Gesellschaft. Dies könnte die Fähigkeit der Gesellschaft beeinträchtigen, ihre eigenen Ziele und Mittel zu bestimmen. Solche Auswirkungen könnten die Demokratie selbst gefährden (Bartmann 2022).

Obwohl viele Nudging-Praktiken ethisch problematisch sein können, argumentiert Bartmann (2022), dass KI-gestütztes Climate-Nudging ethisch vertretbar ist, wenn es unter bestimmten **Bedingungen der Selbstregulierung** erfolgt. Diese Bedingungen umfassen Symmetrie, Demokratie und Transparenz. Eine Gesellschaft, die entsprechende Richtlinien umsetzt, könnte sich selbst nudgen und so die Asymmetrie zwischen denjenigen, die nudgen, und denjenigen, die genudged werden, sowie die Gefahr der Manipulation vermeiden. In der Diskussion um die ethischen

Herausforderungen des KI-gestützten Climate-Nudgings wird häufig das Prinzip des Nicht-Schadens als moralische Rechtfertigung herangezogen. Climate-Nudging könnte gerechtfertigt sein, da es zukünftige Generationen vor Schaden schützt, und nicht, weil die Regierung glaubt, zu wissen, was für Einzelpersonen besser ist (Bartmann 2022).

Das Ziel sollte stets sein, Menschen mit Argumenten zu überzeugen, statt Informationskampagnen durch Nudging zu ersetzen. Dennoch kann KI, wenn man sie ethisch verantwortungsvoll einsetzt, im Kampf gegen den Klimawandel hilfreich sein. Dies gilt besonders, wenn eine ethische Bewertung zeigt, dass Green Nudging die **Selbstbestimmung der Menschen** wahrt (Bartmann 2022).

Literatur

Bartmann M (2022) The ethics of AI-powered climate nudging – how much AI should we use to save the planet? Sustainability 14:5153. https://doi.org/10.3390/su14095153

Bruttel LV, Stolley F, Güth W, Kliemt H, Bosworth S, Bartke S, Schnellenbach J, Weimann J, Haupt M, Funk L (2014) Nudging in public policy – Good intentions or government overreach? Wirtschaftsdienst 94:767–791. https://doi.org/10.1007/s10273-014-1748-9

Coeckelbergh M (2020) AI for climate: freedom, justice, and other ethical and political challenges. AI Ethics 1:67–72. https://doi.org/10.1007/s43681-020-00007-2

Evans N, Eickers S, Geene L, Todorovic M, Villmow A (2017) Green nudging: a discussion and preliminary evaluation of nudging as an environmental policy instrument. Environ Policy Res. Centre (FFU) Freie Universität Berlin FFU-Rep 01-2017. https://doi.org/10.13140/RG.2.2.35588.63369

Fuhrberg R (2019) Verhaltensökonomie in der Verwaltungskommunikation – Der Staat als Entscheidungsarchitekt. In: Kocks K, Knorre S, Kocks J (Hrsg) Öffentliche Verwaltung – Verwaltung in der Öffentlichkeit. Springer VS, Wiesbaden, S 77–101. https://doi.org/10.1007/978-3-658-28008-6_5

Hansen PG, Jespersen A (2013) Nudge and the manipulation of choice. A framework for the responsible use of nudge approach to behaviour change in public policy. Eur J Risk Regul 1:3–28

Högg R, Köng A (2016) Nudging im Bereich Umwelt und Nachhaltigkeit. Erfahrungen aus der Schweiz und Empfehlungen für Praktiker/innen. Stiftung Risiko-Dialog, St. Gallen

Kahneman D (2011) Thinking, fast and slow. Farrar, Straus and Giroux, New York

Krisam M, Von Philipsborn P, Meder B (2017) Nudging in der Primärprävention: eine Übersicht und Perspektiven für Deutschland. Das Gesundheitswesen 79:117–123. https://doi.org/10.1055/s-0042-121598

McCright AM, Dunlap RE (2011) The Politicization of climate change and polarization in the American public's views of global warming, 2001–2010. Sociol Quart 52:155–194. https://doi.org/10.1111/j.1533-8525.2011.01198.x

Mont O, Lehner M, Heiskanen E (2014) Nudging, a tool for sustainable behaviour? Swedish Environmental Protection Agency. https://portal.research.lu.se/en/publications/5f279edb-279f-4af8-844b-7b38796517f4. Zugegriffen am 23.10.2024

Panno A, Carrus G, Brizi A, Maricchiolo F, Giacomantonio M, Mannetti L (2018) Need for cognitive closure and political ideology. Social Psychol 49:103–112. https://doi.org/10.1027/1864-9335/a000333

Sunstein CR (2015) Nudges and choice architecture: ethical considerations. Yale J Regul. https://ssrn.com/abstract=2551264. Zugegriffen am 23.10.2024

Sunstein CR, Thaler RH (2003) Libertarian paternalism is not an oxymoron. Univ Chicago Law Rev 70:1159–1202. https://doi.org/10.2307/1600573

Thaler RH (2015) The power of nudges, for good and bad. The New York Times https://www.nytimes.com/2015/11/01/upshot/the-power-of-nudges-for-good-and-bad.html. Zugegriffen am 21.10.2024

Thaler RH, Sunstein CR (2008) Nudge: improving decisions about health, wealth, and happiness. Yale University Press, New Haven

Wullenkord MC, Reese G (2021) Avoidance, rationalization, and denial: defensive self-protection in the face of climate change negatively predicts pro-environmental behavior. J Environ Psychol 77:101683. https://doi.org/10.1016/j.jenvp.2021.101683

Zhao H, Zhang H, Xu Y, Lu J, He W (2018) Relation between awe and environmentalism: the role of social dominance orientation. Front Psychol 9. https://doi.org/10.3389/fpsyg.2018.02367

Nachhaltige Erkenntnisse

- Individuelles Verhalten ist der Startpunkt für die Implementierung nachhaltiger Praktiken, die sich auf die gesamte Gesellschaft ausweiten können.
- Green Nudging kann dabei helfen, die Einstellungs-Verhaltens-Lücke zu schließen und so nachhaltiges Verhalten zu fördern.
- Die vier wichtigsten Green-Nudging-Kategorien sind: grüne Standards, grüne soziale Anreize, grünes Feedback und die Beseitigung von Barrieren für nachhaltiges Verhalten.
- Die wirksamste Art von Nudges sind grüne Standards (Defaults).
- Nudges sollten stets der Freiwilligkeit unterliegen, d. h., dass immer eine Wahlmöglichkeit bestehen sollte.

MIX
Papier aus verantwortungsvollen Quellen
Paper from responsible sources
FSC® C105338

If you have any concerns about our products,
you can contact us on
ProductSafety@springernature.com

In case Publisher is established outside the EU,
the EU authorized representative is:
**Springer Nature Customer Service Center GmbH
Europaplatz 3, 69115 Heidelberg, Germany**

Printed by Libri Plureos GmbH
in Hamburg, Germany